Зограб Макиян

Нарушения формирования пола в гинекологии

I0390805

Zohrab Makiyan
Disorders of Sex Development in Gynaecology

Аномалии развития пола в гинекологии

Автор Зограб Макиян

Авторское право © 2013 принадлежит Зограб Макиян

Copyright © 2013 Zohrab Makiyan

Standard Copyright License

ISBN 978-1-300-60372-6

Published on January 13, 2013

Language Russian

Autor Spotlight URL: http://www.lulu.com/spotlight/Zohrab

Содержание

Введение   3

1. Современные представления о формировании половой системы (обзор литературы)

    Эмбриональное развитие половых органов   5

    Этиология и патогенез нарушений формирования пола   11

    Классификация аномалий развития пола   15

2. Дисгенезии гонад при моносомии X - хромосомы

    Агонадизм   35

    Синдром Шерешевского-Тернера   37

3. 46,XY - нарушения формирования пола

    Синдром тестикулярной феминизации   53

    46, XY - дисгенезия гонад   67

4. Овотестикулярное нарушение формирования пола   81

    Синдром Персистенции Мюллеровых протоков   95

5. 46,XX - нарушения формирования пола

    Врожденная гиперплазия коры надпочечников   99

    Методы феминизирующей пластики при вирилизации наружных половых органов   105

6. Систематизация аномалий развития пола   125

    Список литературы   137

    Список сокращений   157

Diversité de la nature (фр.)
Многообразие природы (от автора)

Введение

Нарушение формирования пола (disorders of sex development, DSD)[1] – это врожденное состояние, при котором развитие хромосомного, гонадного или анатомического пола атипично[2] [76, 91, 148].

Врожденные пороки развития мочеполовой системы составляют около 14% всех врожденных аномалий развития. Аномалии половых органов могут наблюдаться на всех этапах эмбрионального развития репродуктивной системы, включая: аномалии гонад, внутренних и наружных половых органов [1, 11, 13, 30]. Удвоение матки, двурогая матка, внутриматочная перегородка наблюдаются в 1:200-600 новорожденных. Дисгенезии гонад по данным литературы варьируют от 1:15.000 до 1:24.000 новорожденных [74, 79, 84, 155].

Выбор реконструктивно-пластических операций пороков развития гениталий при интерсексуальных состояниях остается достаточно сложной проблемой, в связи с многообразием форм нарушений формирования пола, генетическими аномалиями, сочетанной эндокринной патологией, а также нарушением сексуальной и репродуктивной функции [1-9, 12, 19, 45-47, 50-53, 76, 148, 149].

---

[1] Номенклатура Consensus statement on management of intersex disorders, 2006. Традиционно для описания данного состояния использовался термин «гермафродитизм» [19].

[2] Consortium on the Management of Disorders of Sex Differentiation. Clinical guidelines for the management of disorders of sex development in childhood. 2006

В 2006 году на международной конференции, посвященной интерсексуальным проблемам, организованной совместно Европейским и Американским обществами детских эндокринологов, был принят консенсус по пересмотру терминологии и классификации интерсексуальных расстройств, а также сформулированы основные положения по ведению и хирургической коррекции больных с нарушениями формирования пола. Тактика ведения пациентов с нарушениями формирования пола, гормональная терапия детально обсуждены в рамках Чикагского консенсуса (2009), и отражены в руководстве по ведению детей и подростков с интерсексуальными расстройствами консенсуса Великобритании (2011) [76, 148, 149].

Представлена новая клинико-анатомическая систематизация, включающая данные кариотипа, морфологии гонад, анатомии внутренних и наружных гениталий, позволяющая дифференцировать и обосновывать тактику хирургического лечения больных с интерсексуальными состояниями, отнесенных к женскому полу. Практические рекомендации позволяют выбрать оптимальный: объем, доступ и метод хирургической коррекции. При эффективной реконструкции половых органов (феминизирующей пластике), пациенты потенциально способны выполнять нормальные сексуальные и, в некоторых случаях - репродуктивные функции, с использованием методов вспомогательной репродукции.

1. Современные представления о формировании половой системы (обзор литературы)

Эмбриональное развитие половых органов

Этапы и механизм половой дифференцировки. В момент оплодотворения определяется генетический пол эмбриона (набор половых хромосом в зиготе). Генетический пол предопределяет становление гонадного пола (формирование мужских либо женских половых желез). В свою очередь, гонадный пол обусловливает становление фенотипического пола (формирование половых протоков и наружных половых органов по мужскому либо по женскому типу).

Дифференцировка половых желез (становление гонадного пола). На 3-й неделе эмбриогенеза в стенке желточного мешка возникают первичные половые клетки - предшественники оогониев и сперматогониев. На 4-й неделе на медиальных поверхностях первичных почек появляются утолщения - половые тяжи. Это зачатки половых желез, состоящие из мезенхимальных клеток первичной почки и покрытые целомическим эпителием. Первоначально половые тяжи у эмбрионов мужского и женского пола не различаются (индифферентные половые железы). На 5—6-й неделе эмбриогенеза первичные половые клетки перемещаются из желточного мешка в гонадные тяжи. Они мигрируют по кровеносным сосудам и мезенхиме брыжейки задней кишки. С этого момента начинается становление гонадного пола. Первичные половые

5

клетки стимулируют пролиферацию и дифференцировку мезенхимных клеток и клеток целомического эпителия в половых тяжах. В результате индифферентные половые железы превращаются в яички (testis) или яичники (ovarium) и отшнуровываются от первичных почек. В норме половые тяжи дифференцируются в яичники, если они заселяются первичными половыми клетками с кариотипом 46,XX, и в яички — если они заселяются клетками с кариотипом 46,XY. Превращение половых тяжей в яички определяется геном SRY (sex-determining region Y), локализованным на Y-хромосоме. Ген SRY кодирует фактор развития яичка. Этот ДНК-связывающий белок индуцирует транскрипцию других генов, направляющих дифференцировку яичек.

Развитие яичников. На 7-й неделе эмбрионального развития, яичники отделяются от первичных почек. Из целомического эпителия полового тяжа вглубь мезенхимной стромы врастают короткие половые шнуры, содержащие первичные половые клетки. Первичные половые клетки размножаются и превращаются в оогонии. К 5—6-му месяцу эмбриогенеза образуется около 7 млн оогониев. Около 15% оогониев превращается (без деления) в ооциты I порядка, а остальные дегенерируют. Ооциты I порядка вступают в 1-е деление мейоза, которое блокируется на стадии профазы. Одновременно происходит расчленение половых шнуров и образуются примордиальные фолликулы. Каждый примордиальный фолликул содержит ооцит I порядка, покрытый одним слоем эпителиальных клеток. Затем начинается созревание фолликулов: вокруг ооцита образуется прозрачная оболочка (zona pellucida); эпителиальные клетки разрастаются и формируют многослойный эпителий — гранулярный слой (zona granulosa). В дальнейшем у фолликула появляется внешняя оболочка (theca folliculi), образованная мезенхимными клетками и плотной соединительной тканью. Мейотическое деление ооцита I порядка возобновляется только в зрелых (преовуляторных) фолликулах под влиянием ЛГ. На 17—20-й неделе эмбриогенеза окончательно формируется структура яичников. Фолликулы на разных стадиях созревания образуют корковое вещество яичника. У новорожденной девочки имеется около 1 млн фолликулов. Часть фолликулов подвергается атрезии, так что к моменту наступления менархе в яичниках остается 400 000 фолликулов. Мозговое вещество состоит из соединительной ткани, в которой проходят кровеносные сосуды и нервы.

Таким образом, генетический пол эмбриона формируется в момент слияния яйцеклетки и сперматозоида. При оплодотворении яйцеклетки сперматозоидом, несущим X хромосому, генетический пол эмбриона женский (набор хромосом XX). При оплодотворении яйцеклетки сперматозоидом, несущим Y хромосому, генетический пол эмбриона мужской (набор хромосом XY).

Генетическое понятие пола очень сложное и определяется не только половыми хромосомами, но и, безусловно, многими генами, локализующимися на аутосомах: генами, ответственными за уровень ферментных систем, участвующих в синтезе половых гормонов; генами, ответственными за чувствительность тканей к половым гормонам – рецепторов.

Следующие этапы полового формирования – дифференцирование внутренних и наружных гениталий

– подчиняются законам, открытым Wiesner (1935) и Jost (1949, 1966).

В 1935 Wiesner впервые предположил, а в дальнейшем было доказано, что любой плод имеет автономную тенденцию к развитию по женскому типу, если этому не противодействуют мужские гормоны.

На 8 неделе внутриутробной жизни у плода мужского и женского пола появляются мезонефральные и парамезонефральные протоки, из которых впоследствии, на 10-12 неделе дифференцируются внутренние половые органы (половые протоки).

Развитие матки и влагалища

Внутренние половые органы женщины формируются с 6-8 по 16-18 недели внутриутробного развития из Мюллеровых (парамезонефральных) протоков. Мюллеровы протоки закладываются в виде трубчатой инвагинации, окружающих целом (первичная полость зародыша) после Вольфовых, сближаются и впадают в мочеполовой синус в области, где его стенки утолщаются, формируя Мюллеров бугорок. С каждой стороны слившихся окончаний парамезонефральных протоков расположены мезонефральные, которые также впадают в область мюллерова бугорка [57, 58, 83, 157].

Слияние мюллеровых (парамезонефральных) протоков начинается в конце 6-й или с 7-8 недели и, продолжаясь в направлении от каудального к краниальному отделу, завершается к 12-13 неделям, что приводит к образованию двух маточно-влагалищных полостей, разделенных срединной сагиттальной перегородкой. Пороки развития этого этапа состоят в отсутствии или недостаточном слиянии мюллеровых протоков. В дальнейшем перегородка исчезает, а матка и влагалище становятся однополостными. Причем процесс редукции срединной перегородки также происходит в направлении от каудального отдела к краниальному. Аномалии развития, возникающие на этом этапе характеризуются отсутствием или недостаточной резорбцией перегородки [2, 14].

Разграничение слившихся отделов на фаллопиевы трубы, тело матки, шейку и верхнюю 1/3 влагалища происходит с 12 по 14 недели в противоположном направлении. Развитие матки из слившихся мюллеровых протоков начинается на 12-14 неделе, образование шейки матки – на 16 - 20 неделе.

Вопросы развития влагалища, по данным многих авторов, изучены недостаточно (O"Rahilly 1977). По современным представлениям, влагалище образуется при слиянии урогенитального (мочеполового) синуса разделенного продольной перегородкой на две части (нижние 2/3) и каудального отдела мюллеровых протоков (верхняя 1/3).

Развитие наружных половых органов

На 3 неделе развития, мезенхимальные клетки из области примитивного тяжа мигрируют вокруг клоакальной мембраны, формируя парные половые складки и половой бугорок. Эта индифферентная стадия длится до конца 6 недели, когда невозможно определить половых различий в строении наружных половых органов.

С 12 до 20 недели внутриутробной жизни формируются наружные половые органы, пол наружных гениталий. При этом дифференцирование наружных гениталий женского плода происходит независимо от состояния гонад вследствие автономной тенденции к феминизации. Из полового бугорка, губо-мошоночной складки и урогенитального синуса образуются клитор, большие и малые половые губы, влагалище. Для формирования гениталий мужского плода необходим высокий уровень андрогенов.

При развитии по мужскому типу: из половых складок формируется мошонка, а из полового бугорка – половой член.

К моменту рождения половой аппарат ребенка в основном сформирован. У здоровых детей пол гонад, строение внутренних и наружных половых органов (фенотип или морфологический пол) соответствуют кариотипу, то есть генетическому полу. Позднее, при развитии наружных по женскому типу: из половых складок образуются большие половые губы, а из полового бугорка – клитор.

Этиология и патогенез нарушений формирования пола

Половая дифференцировка может нарушаться на любом этапе. Нарушения могут быть вызваны аберрациями половых хромосом, мутациями генов, участвующих в становлении гонадного и фенотипического пола, а также негенетическими причинами (например, приемом вирилизирующих лекарственных средств во время беременности).

Генетический пол зависит от кариотипа зиготы. Кариотип 46,XX соответствует женскому полу, а 46,XY — мужскому.

Причины нарушений генетического пола:

1. Изменения числа или структуры половых хромосом. Например, классические варианты синдрома Клайнфельтера (кариотип 47,XXY) и синдрома Тернера (кариотип 45,X) обусловлены нерасхождением половых хромосом в мейозе при гаметогенезе. Синдром Тернера также может быть обусловлен делецией одной из X-хромосом, например, 46,X[delXp⁻].

2. Мозаицизм по половым хромосомам (XX/XY). Такой мозаицизм обнаруживается у трети больных с овотестикулярным нарушением формирования пола (истинным гермафродитизмом).

3. Точечные мутации генов на половых хромосомах, например — мутации гена SRY на Y-хромосоме.

Численные изменения и аберрации половых хромосом и мозаицизм выявляются цитогенетическими методами, а точечные мутации — методами молекулярной генетики.

Нарушения гонадного пола происходят в первую очередь вследствие врожденных генных и хромосомных аномалий, а атюке в результате мутаций, хромосомных аберраций и транслокаций.

В норме развитие яичек определяется геном SRY, локализованным на Y-хромосоме. Однако этот ген обнаруживают у некоторых больных с гонадным и фенотипическим мужским полом, не имеющих Y-хромосомы. Вероятно, в таких случаях ген SRY переносится на X-хромосому или на аутосому в результате транслокации. Яички могут формироваться и у больных с кариотипом 46,XX, не имеющих гена SRY. Предполагают, что у таких больных имеются мутантные гены, направляющие дифференцировку половых тяжей в яички, а не в яичники. Далеко не все причины и механизмы нарушений дифференцировки гонад изучены.

Фенотипический пол новорожденного определяют по наружным половым органам [18, 20, 48, 49, 57, 157].

К 3-й неделе эмбриогенеза формируется клоакальная мембрана, перекрывающая заднюю кишку. Спереди от нее образуется непарный половой бугорок, латерально — две половые складки. К 6-й неделе клоакальная мембрана разделяется на мочеполовую и заднепроходную мембраны, а к 8-й неделе превращается в мочеполовую бороздку спереди и заднепроходно-прямокишечный канал сзади. Половые складки разделяются на 2 пары складок: мочеполовые складки, расположенные медиально и окружающие мочеполовую бороздку, и губно-мошоночные складки, расположенные латерально. Все эти события происходят до формирования половых желез и не регулируются гормонами. Нарушения на этом этапе развития приводят к атрезии заднего прохода, экстрофии мочевого пузыря или формированию врожденной клоаки, транспозиции полового члена и мошонки (когда половой бугорок формируется каудальнее половых складок) и агенезии полового члена. Такие аномалии обычно обусловлены нарушениями ранних этапов эмбриогенеза, а не нарушениями генетического и гонадного пола или секреции половых гормонов.

Различия мужских и женских наружных половых органов появляются после 8-й недели эмбриогенеза. Направление развития наружных половых органов определяется половыми гормонами, прежде всего — тестостероном.

У плода мужского пола тестостерон, образующийся в яичках, с кровью достигает полового бугорка, где превращается ферментом 5альфа-редуктазой в дигидротестостерон. Этот гормон действует на рецепторы андрогенов и вызывает быстрый рост полового бугорка. Мочеполовая бороздка смещается вперед, ее края (мочеполовые складки) срастаются и к 12-й неделе формируется губчатая часть мочеиспускательного канала. Губно-мошоночные складки срастаются в каудальном направлении, образуя мошонку. Формирование губчатой части мочеиспускательного канала заканчивается к 4-му месяцу эмбриогенеза, когда эктодерма полового члена инвагинирует в просвет мочеиспускательного канала. Этот процесс нарушается при недостаточности тестостерона и дигидротестостерона или избытке антагонистов андрогенов (прогестерона).

У плода женского пола уровни тестостерона в крови в норме очень низкие. Поэтому индифферентные наружные половые органы, сформировавшиеся к 8-й неделе эмбриогенеза, в дальнейшем подвергаются лишь незначительным изменениям. Половой бугорок превращается в клитор, который может увеличиваться под действием андрогенов не только во внутриутробном периоде, но и после рождения. Мочеполовые складки остаются на прежнем месте и образуют малые половые губы. Губо-мошоночные складки увеличиваются, не смещаясь, и превращаются в большие половые губы, а мочеполовая бороздка остается открытой, образуя преддверие влагалища. Положение наружного отверстия мочеиспускательного канала определяется к 14-й неделе эмбриогенеза. На более поздних сроках эмбриогенеза андрогены уже не способны вызывать срастание губо-мошоночных складок и смещение мочеполовых складок вперед. Таким образом, избыток андрогенов на разных сроках эмбриогенеза приводит к разным аномалиям: до 14-й недели он вызывает гипертрофию клитора, увеличение больших половых губ и их срастание (тогда они напоминают мошонку) и атрезию влагалища; после 14-й недели — только гипертрофию клитора.

Классификация аномалий развития половых органов

Определение понятия: **Врожденные аномалии (пороки развития)** — стойкие морфологические изменения органа, системы или организма, которые выходят за пределы вариаций их строения и возникают внутриутробно в результате нарушений развития зародыша или (много реже) после рождения ребенка как следствие нарушения дальнейшего формирования органов [30]. Термином «дисплазия» обычно принято обозначать нарушения развития органа (Лазюк Г.И. Тератология человека М: Медицина 1991).

К порокам развития относятся: аплазия, врожденные гипоплазия и гиперплазия, гетеротопия, эктопия, врожденный стеноз, атрезия и др.

➢ **Аплазия** (**агенезия**) — врожденное отсутствие органа.

➢ Врожденная **гипоплазия** (**гипотрофия**) — недоразвитие органа, проявляющееся дефицитом его массы или уменьшением размеров, превышающим отклонение от средних для данного возраста показателей.

➢ **Эктопия** - расположение органа в необычном месте.

➢ Возможно увеличение числа органов или их частей.

➢ **Врожденный стеноз** - сужение канала или отверстия.

➢ **Атрезия** - отсутствие естественного канала или отверстия.

➢ **Персистирование** - сохранение эмбриональных структур, в норме исчезающих к определенному

15

периоду развития (например, наличие внутриматочной перегородки) [30].

В 1876 г. Klebs предложил классификацию гермафродитизма, в основу которого был положен признак гонадного пола: при наличии женских гонад — ложный женский гермафродитизм, мужских гонад — ложный мужской, смешанных гонад — истинный гермафродитизм.

В 1979 Э.П. Касаткиной предложена классификация женского и мужского гермафродитизма по нозологиям [19].

Ложный женский гермафродитизм объединяет группу заболеваний, общими признаками для которых являются гермафродитный вид наружных гениталий, женское строение внутренних гениталий, наличие женских гонад и женского кариотипа 46ХХ. В настоящее время выделяют 3 варианта ложного женского гермафродитизма.

Ложный мужской гермафродитизм объединяет группу заболеваний, общими признаками которых являются смешанное строение наружных и (или) внутренних гениталий, наличие мужских гонад (или рудиментов мужских гонад) и в кариотипе Y хромосомы. В настоящее время выделяют 7 вариантов ложного мужского гермафродитизма.

Классификация гермафродитизма Э.П.Касаткиной 1979 [19]

I. Ложный женский гермафродитизм

1. Врожденная дисфункция коры надпочечников (врожденный адреногенитальный синдром).
2. Ненадпочечниковые формы ложного женского гермафродитизма.
3. Ложный женский гермафродитизм овариального генеза.

II. Ложный мужской гермафродитизм

1. Синдром Шерешевского–Тернера с гермафродитными гениталиями.
2. Чистая дисгенезия гонад.
3. Смешанная (асимметричная) дисгенезия яичек.
4. Синдром неполной маскулинизации с женскими половыми протоками (синдром рудиментарных яичек).
5. Синдром неполной маскулинизации с мужскими половыми протоками.
6. Синдром Клайнфельтера с гермафродитными гениталиями.
7. Синдром тестикулярной феминизации:
   - Синдром полной тестикулярной феминизации;
   - Синдром неполной тестикулярной феминизации.

III. Истинный гермафродитизм

Существуют и другие классификации интерсексуальных расстройств [5, 6, 17, 25, 34, 36]. Они основаны на наличии неопределенности половых органов и его отсутствии (например, синдром полного отсутствия чувствительности к андрогенам). Более конкретные классификации опираются на патофизиологию сексуального развития (нарушения половых признаков в хромосомном, гонадном или фенотипическом аспектах) или на морфологических особенностях гонад.

При рождении ребенка с неправильным строением наружных гениталий половую принадлежность без дополнительных обследований определить сложно, этот термин также стали применять и для описания данного клинического состояния в медицине, подчеркивая неопределенность пола, его двойственность.

Для классификации гермафродитизма ориентировались на кариотип пациента: так при кариотипе 46ХХ – состояние расценивалось как женский гермафродитизм, при кариотипе 46ХУ – мужской гермафродитизм, и при обнаружении гонад обоего пола у одного пациента – истинный гермафродитизм [19].

Однако в последнее время данная классификация перестала удовлетворять как пациентов, так и врачей.

С одной стороны, активное использование термина гермафродитизм вне медицинских кругов, привело к нарушению конфиденциальности болезни пациента, и частым неправильным интерпретациям выставленного диагноза в окружении пациента. Рождение ребенка с неправильным строением наружных гениталий является тяжелым психологическим стрессом для семьи малыша, неизбежно влечет за собой социальные проблемы для родственников, и существующая терминология данного состояния (гермафродитизм, гермафродит), только усугубляет психологический дискомфорт в семье.

С другой стороны, когда механизмы развития тех или иных заболеваний точно установлены и современные возможности уточняющей диагностики позволяют устанавливать нозологический диагноз, возникла необходимость изменения классификации для более полного отображения природы возникшего состояния.

В связи с этим, в 2006 году на международной конференции, посвященной интерсексуальным проблемам, организованной совместно Европейским и Американским обществами детских эндокринологов (Lawson Wilkins Pediatric Endocrine Society and European Society for Pediatric Endocrinology), был принят консенсус по пересмотру терминологии и классификации гермафродитизма [148].

Предложено заменить как сам термин гермафродитизм, звучащий оскорбительно для пациентов, так и указание в диагнозе половой принадлежности, т.е. мужской или женский гермафродитизм. Рекомендовано использование термина «disorders of sex differentiation» (DSD), в русском варианте «нарушение формирования пола» (НФП).

Нарушение формирования пола (DSD, disorders of sex development[3]) – состояние, связанное с клинико-биохимическим проявлением несоответствия между генетическим, гонадным и фенотипическим (анатомическим) полом пациента [76, 148, 149]. Традиционно для описания данного состояния использовался термин «гермафродитизм» [10, 11, 19].

Окончательная форма документа опубликована в статье (Consensus statement on management of intersex disorders, 2006) [91, 148]. В консенсусе подчеркивается, что современная классификация должна отражать генетический пол ребенка, молекулярно-генетическую этиологию с уточнением фенотипической вариабельности, а также оставлять возможность внесения изменений и добавления нозологических форм. В то же время она должна быть доступной пониманию пациентов и не вызывать психологический дискомфорт.

Прогресс в идентификации молекулярно-генетических причин аномалий полового развития с учетом этических и заинтересованность в защите прав пациентов, показал необходимость пересмотра номенклатуры. Такие термины, как интерсексуальный (intersex), псевдогермафродитизм, гермафродитизм, реверсия пола, а также основанные на половых различиях диагностические термины - сильно противоречивы. Эти термины потенциально уничижительны для пациентов и могут вызвать конфуз у врачей и недовольство родителей пациентов [91].

---

[3]Номенклатура Consensus statement on management of intersex disorders, 2006

Использовать термин «нарушения формирования пола» (disorders of sex development, DSD), определяющий врожденное состояние, при котором развитие хромосомного, гонадного или анатомического пола атипично - считается более корректным, табл. 1.3.1

Предложенные изменения терминологии, табл. 1.3.1 [148]:

Прежняя номенклатура	Предложенная номенклатура
Гермафродитизм (intersex)	Нарушение формирования пола (disorder(s) of sex development – DSD)
Мужской псевдогермафродитизм, синдром неполной вирилизации 46XY, синдром неполной маскулинизации 46XY	46,XY нарушение формирования пола (46,XY DSD)
Женский псевдогермафродитизм, синдром женской вирилизации 46,XX, синдром женской маскулинизации 46,XX	46,XX нарушение формирования пола (46,XX DSD)
Истинный гермафродитизм	Овотестикулярное нарушение формирования пола (Ovotesticular DSD)
XX-мужчина или XX реверсия пола	46,XX тестикулярное нарушение формирования пола (46,XX testicular DSD)
XY-женщина или XY реверсия пола	46,XY полная дисгенезия гонад (46,XY complete gonadal dysgenesis)

Современный лексикон нуждается в интеграции прогресса молекулярно-генетических аспектов развития пола. Терминология аномалий развития пола должна отражать многообразный спектр различных фенотипических вариантов, удобной и понятной для использования практикующих врачей и учитывать нравственно-этические аспекты пациентов.

Учитывая, как уже упоминалось ранее, что в основе нарушений формирования пола могут лежать как хромосомные аномалии, так и не связанные с изменениями хромосомного набора нарушения, в новой классификации предлагается разделение на три большие группы: хромосомное нарушение формирования пола (хромосомное НФП), нарушение формирование пола с кариотипом 46,XY (НФП 46,XY) и нарушение формирование пола с кариотипом 46,XX (НФП 46XX), каждая из которых включает отдельные нозологические формы [178].

Пример предложенной номенклатуры в классификации нарушения формирования пола представлен в табл. 1.3.2 [148].

Классификации нарушения формирования пола Европейского консенсуса, табл. 1.3.2.

аномалии половых хромосом	46,XY нарушение формирования пола	46,XX нарушение формирования пола
45,X (синдром Тернера и варианты)	Нарушение гонадного (тестикулярного) развития: 1. полная дисгенезия гонад (синдром Свайера) 2. неполная (частичная) дисгенезия гонад 3. регрессия гонад 4. овотестикулярное нарушение формирования пола	Нарушение гонадного (овариального) развития: 1. овотестискулярное нарушение формирования пола 2. тестикулярное нарушение формирования пола 3. дисгенезия гонад
47,XXY	Нарушения синтеза андрогенов или воздействия: 1. дефект биосинтеза андрогенов 2. дефект воздействия андрогенов (синдром полной нечувствительности к андрогенам, синдром неполной нечувствительности к андрогенам)	Избыток андрогенов: 1. фетальный (дефицит 21-гидроксилазы, дефицит 11-гидроксилазы) 2. фетоплацентарный (дефицит ароматазы, дефицит Р450 оксидоредуктазы) 3. материнский (лютеома, экзогенный избыток)
45,X/46,XY (смешанная дисгенезия гонад, овотестикулярное нарушение формирования пола)		Экстрофия клоаки, атрезия влагалища, синдром Рокитанского-Кюстера-Хаузера, мюллеровы, почечные аномалии, другие синдромы
46,XX/46,XY (химеризм, овотестикулярное нарушение формирования пола)		

Классификация построена по этиопатогенетическому принципу с учетом хромосомно-генетических аспектов, однако не конкретизированы анатомические варианты указанных аномалий. При формулировке диагноза, согласно классификации, нет данных об анатомии внутренних и наружных половых органов. Аномалии матки и влагалища – не дифференцируются по классам и клиническим вариантам.

По данным Nistal M., 2007, [143] при интерсексуальных состояниях: гистологические, клинические, молекулярно-генетические, гормональные данные позволяют идентифицировать и дифференцировать нарушений формирования пола (DSD). Авторы, на основании биопсии гонад, при различных вариантах нарушений полового развития выделили различные морфотипы гонад, соответствующие определенным аномалиям (нарушениям формирования пола, НФП): синдром тестикулярной регрессии, фиброзный стрек, дисгенезия тестикул, стрек-тестис, овотестис, микроскопически нормальные тестикулы и яичники (табл. 1.3.3). С акцентом на гистологические признаки, характерные каждому из этих заболеваний, что позволяет дифференцировать различные нозологии в интеграции с клиническими, молекулярно-генетическими, гормональными данными в соответствии с каждой ситуацией.

В идеале, номенклатура должна быть основана на общеупотребимых терминах (например, синдром тестикулярной феминизации), которые должны использоваться где возможно, с указанием (желательно) кариотипа. Хотя не обязательно упоминать кариотип без необходимости.

Табл. 1.3.3. Типы гонад при интерсексуальных состояниях (нарушениях формирования пола) [143]:

1. Отсутствие тестикул (синдром тестикулярной регрессии)
   - Истинный агонадизм
   - Синдром рудиментарных тестикул
   - Врожденный билатеральный анорхизм
   - Синдром неопущенных тестикул
   - Синдром клеток Лейдига
   - Макро- и микроскопические находки
2. Фиброзные streak
3. Дисгенезия тестикул
4. Streak- тестикулы
5. Овотестис
6. Макроскопически нормальные тестикулы
7. Яичник

Истинный агонадизм характеризуется отсутствием обоих гонад, в основном у пациентов с 46XY кариотипом, с женскими наружными гениталиями. В этих случаях внутренние половые органы представлены маткой и маточными трубами, хотя эти органы могут отсутствовать, а также гонады могут отсутствовать. Эти пациенты растут как девочки. Может сочетаться с экстрагенитальными аномалиями: (PAGOD) гипоплазия легочной артерии, агонадизм, омфалоцеле/ диафрагмальный дефект, декстрокардия; а также синдром Кеннеркнехта, синдром Шекеля,

CHARGE- синдром. Причина может быть в мутации гена WT1.

Фиброзный Streak (или связка) – состояние, характеризующееся 4 основными вариантами: 46,XY чистая дисгенезия гонад, 46,XX чистая дисгенезия гонад, 45,X дисгенезия гонад, смешанная дисгенезия гонад. Схематически могут быть три типа фиброзного Streak: классический фиброзный тяж или связка, фиброзный тяж с редкими овариальными фолликулами, а также фиброзный тяж или связка, анастомозирующие с тубулярной формацией.

Классический фиброзный streak – удлиненный тяж, белесоватого цвета, состоящий из стромы, характерной для яичника. В большинстве случаев патологоанатомы не предлагают (recieve) производить биопсию, или полное удаление, поскольку эти случаи чаще наблюдаются у пациентов с синдромом Тернера и кариотипом 45,X. Фиброзный streak содержит овариальные фолликулы чаще при синдроме Тернера с мозаичным кариотипом 45,X/46,XX, который имеет клинические различия с вариантом синдрома Тернера 45,X. Пациентки с мозаицизмом более высокие, 18% имеют хорошо развитые молочные железы (при кариотипе 45,X только в 5% случаев), и 12% менструируют (при кариотипе 45,X – только 3%). Фиброзный streak также может наблюдаться при 46,XY чистой дисгенезии гонад или синдроме Свайера (пациенты с женским фенотипом и отсутствием стигм синдрома Тернера).

Фиброзный streak с тяжами или анастомозирующий с тубулярными формациями наблюдается у пациентов с двумя различными состояниями:

1) Фиброзный streak в обеих гонадах: большинство случаев с неполной формой 46XY чистой дисгенезии гонад. Наружные гениталии бисексуальные, и обе Мюллеровы и Вольфовы структуры присутствуют. 46XY дисгенезия гонад предполагает эмбриональную регрессию тестикул, произошедшую в первые недели фетальной жизни, и индуцированы мутацией гена SRY.

2) Фиброзный streak с одной стороны и контрлатерально гонада с тестикулярной дисгенезией: эти пациенты показывают асимметричную дифференциацию гонад или смешанную дисгенезию гонад. Фиброзный streak у этих пациентов может рассматриваться как дисгенезия яичников, и могут быть комплексными, с герминогенными клетками в эпителиальном тяже, в котором могут присутствовать ооциты в различных стадиях созревания. Большинство этих пациентов могут иметь 45,X/46,XY, хромосомный набор.

Дисгенезия тестикул определяется наличием следующих изменений: белочная оболочка (tunika albuginea) имеет вариабельную толщину. Пучки структурно измененных клеток, похожих на овариальную строму, с плохим разграничением с тестикулярной стромой белочной оболочкой. Разветвленные семявыносящие протоки, окруженные избыточной стромой, которые могут открываться на поверхности гонад. Более глубокие слои тестикул могут быть лучше сохранены, однако семявыносящие протоки могут быть значительно меньшего диметра, с редукцией числа сперматогоний. Клетки Лейдига показывают вариабельное развитие и достаточную продукцию андрогенов, обусловливающих недостаточное опущение яичек в большинстве случаев, но адекватную маскулинизацию наружных половых органов, постпубертатную вирилизацию и удлинение пениса.

Яичник – присутствие овариальной ткани возможно в 3 ситуациях: при 46,XX чистой дисгенезии гонад, истинном гермафродитизме, женском псевдогермафродитизме. При 46,XX чистой дисгенезии гонад гонады иногда могут быть представлены как streak или связка, а в некоторых случаях может определяться как гипопластичный яичник с малым числом ооцитов, обнаруженный у взрослых пациенток с первичной аменореей или бесплодием.

При рассмотрении пороков развития, связанных с нарушением формирования пола остается невыясненным вопрос об анатомо-морфологическом строении внутренних половых органов и степени вирилизации наружных половых органов.

Строение наружных половых органов при нарушении формирования пола зависят от степени вирилизации гонадного и внегонадного происхождения.

Различают 5 степеней вирилизации, согласно **классификации Von Prader** [150]:
  I.Степень вирилизации: гипертрофия клитора, и нормальный вход во влагалище.
  II.Степень вирилизации: гипертрофия клитора и частичное сращение больших половых губ (высокая задняя спайка).
  III.Степень вирилизации: клитор гипертрофирован и сформирована его головка, сращение половых губ

формирует урогенитальный синус (персистирующий урогенитальный синус) – единое отверстие у основания клитора.

IV.Степень вирилизации: гипертрофированный клитор напоминает нормальный половой член, однако имеется его искривление (фиксация к промежности), урогенитальный синус открывается на стволе или головке полового члена (пинеальная уретра)

V.Степень вирилизации: мужской тип строения наружных половых органов – «женский» фаллос.

Аномалии половых органов могут сочетаться с аномалиями мочевой системы, аноректальные аномалиями и экстрофическими аномалиями [134].

В 1:5000 новорожденных наблюдаются аноректальные врожденные пороки развития, которые в 50-90% случаев сочетаются с мочеполовыми пороками развития (Marc A Levitt, Alberto Peña. Anorectal malformations, USA, 2007) [147].

Наиболее частой ошибкой диагностики аноректальных аномалий у девочек является – когда при осмотре промежности новорожденных ставится диагноз атрезия ануса (anus imperforatum) с ректовагинальной фистулой». На самом деле при слиянии трех структур: мочевыводящего тракта, влагалища и прямой кишки в единый канал, открывающийся единым отверстием – так называемая, персистирующая «клоака». Клоака (общий канал после слияния протоков мочевого, полового и кишечного трактов) может быть протяженностью от 1 до 10 см. Наличие одного отверстия на промежности является клиническим проявлением персистирующей клоаки (persistent cloaca). Пациенты с такой аномалией имеют также аномалии гениталий более чем в 50% случаев – различные варианты гипоплазии, часто расширенное влагалище (hydrocolpos). Необходимо хирургическое «разделение» мочевого тракта и расширенного влагалища, во избежание серьезных осложнений обусловленных их обструкцией.

Авторы проанализировали существующие классификации и терминологию и считают, что различия в терминологии усложняют тактику и ведения и прогноз у этих сложных в клиническом аспекте пациентов. В приведенной классификации, авторы сгруппировали существующие различные варианты аноректальных аномалий (табл. 1.3.4).

Табл. 1.3.4. Классификация аноректальных аномалий

Аноректальные аномалии у девочек	ректо-промежностный свищ (Recto-perineal fistula)
	ректо-вестибулярный свищ (Recto-vestibular fistula)
	клоака с коротким общим каналом (Cloaca with short common channel (< 3 cm))
	клоака с длинным общим каналом (Cloaca with long common channel (> 3 cm))
	атрезия ануса без свища (Imperforated anus without fistula)
Комплексные и редкие дефекты (Complex and unusual defects)	экстрофия клоаки (Cloacal extrophy)
	задняя клоака (Posterior cloaca)
	атрезия прямой кишки (Rectal atresia)

M.L. Martínez-Frías, E. Bermejo, E. Rodríguez-Pinilla, J.L. Frías, 2007, считают [126], что экстрофия мочевого пузыря и экстрофия клоаки – это клинически различные патологии.

Так, у пациентов с экстрофией мочевого пузыря, задняя стенка мочевого пузыря пролабирует через срединный абдоминальный дефект, пупочный канатик смещен книзу и находится у верхнего края экстрофического мочевого пузыря. Аномалии гениталий чаще определяются в виде: эписпадии уретры и расщепленного клитора, раздвоенной (удвоенной) матки и удвоенного экстрофичного влагалища.

При этом, классически экстрофия клоаки сочетается с омфалоцеле, спинальными дефектами, незавершенным формированием наружных гениталий и всегда ассоциируется с атрезией ануса. Некоторые авторы считают, что экстрофия мочевого пузыря и экстрофия клоаки – это две различных патологии, а другие объединяют их, проявляющиеся различной степенью тяжести в пределах такого же спектра.

Частота экстрофии клоаки 1:200,233 живых новорожденных, а экстрофии мочевого пузыря 1:35,597 (M.L. Martínez-Frías, E. Bermejo , E. Rodríguez-Pinilla, J.L. Frías, 2007). Сочетание омфалоцеле, спина бифида (spina bifida), атрезия ануса (imperforate anus) – могут встречаться с различной частотой и при экстрофии клоаки, и при экстрофии мочевого пузыря, а также при других множественных пороках, но наиболее часто при экстрофии клоаки [147].

Таким образом, в гинекологической практике отсутствует единая классификация аномалий развития половых органов, включающая аномалии гонад, аномалии матки и влагалища, аномалии наружных половых органов, а также нарушений формирования пола. Необходим пересмотр классификации пороков развития гениталий на основе данных макроскопического, микроскопического и цитогенетического исследований.

2. Дисгенезии гонад при моносомии X - хромосомы

Агонадизм

Истинный агонадизм характеризующийся отсутствием обеих гонад, в нашем исследовании не наблюдался ни в одном случае. Отсутствие одного яичника или придатков матки с одной стороны почти всегда обнаруживается случайно, на лапароскопии, примерно у одной из 11000 женщин [85, 162]. Практически невозможно определить, представляет ли собой это состояние истинную агенезию или инфаркт после пренатального перекрута, случившегося в пре-, постнатальном периоде или позднее [29].

У 1 новорожденной девочки в возрасте 1 месяца наблюдался перекрут и полный отрыв придатков с одной стороны с асептическим некрозом. При лапароскопии с одной стороны определялся нормальный яичник и маточная труба, а со стороны отрыва придатков – складка брюшины.

У 1 пациентки 14 лет при лапароскопии выявлено отсутствие маточной трубы слева, при наличии нормальных яичников и маточной трубы справа.

Учитывая, что закладываются парные гонадные тяжи и мюллеровы протоки, из которых формируются гонады и маточные трубы, матка, то, вероятно, одностороннее отсутствие придатков или маточной трубы объясняется возможным перекрутом и отрывом придатков с последующим асептическим некрозом. Достоверно оценить это не во всех случаях представлялось возможным.

По нашим данным, у больных с диагнозом «Агонадизм» при лапароскопии во всех случаях обнаружены Streak-гонады в виде тонких фиброзных тяжей без признаков наличия овариальной ткани. В таких случаях гонады часто расположены высоко на стенках таза, что в некоторых случаях затрудняет диагностику при УЗИ исследовании и лапароскопии. При цитогенетическом исследовании у этих больных выявляется моносомия X хромосомы (кариотип 45,X). При гистологическом исследовании – грубоволокнистая фиброзная ткань. Таким образом, речь идет о синдроме Шерешевского-Тернера, классическая форма.

Синдром Шерешевского-Тернера

Определение понятия. Нарушение формирование половых желез у этих пациентов обусловлено отсутствием или структурными дефектами одной половой Х-хромосомы. У эмбриона первичные половые клетки закладываются почти в нормальном количестве, но во второй половине беременности происходит их быстрая инволюция (обратное развитие), и к моменту рождения ребенка количество фолликулов в яичнике по сравнению с нормой резко уменьшено или они полностью отсутствуют. Это приводит к дисгенезии гонад, гипофункции яичников, выраженной недостаточности женских половых гормонов, половому недоразвитию, у большинства больных — к первичной аменорее (отсутствию менструаций) и бесплодию [15, 16, 27, 28, 29, 33, 37, 61, 163].

При синдроме Тернера половые железы обычно представляют собой недифференцированные соединительнотканные тяжи, не содержащие элементов гонад. Реже встречаются рудименты яичников и элементы яичек, а также рудименты семявыносящего протока. Другие патологические данные соответствуют особенностям клинических проявлений.

Особенностью всех этих больных являлось наличие в кариотипе 45,Х и дисгенезия гонад. Среди них выделялись как минимум 3 группы больных с различиями в кариотипе, фенотипических особенностей и анатомии половых органов, и, соответственно различной тактикой ведения:

- с кариотипом 45,X
- с мозаичным кариотипом 45,X/46,XX
- с мозаичным кариотипом 45,X/46,XY

У пациенток с кариотипом 45,X (синдром Шерешевского-Тернера) гонады представляли фиброзные тяжи или так называемые Streak гонады. Эти пациенты с характерным фенотипом: низкого роста 145-152 см, с крыловидной шеей, молочные железы развиты умеренно. Наружные половые органы развиты по женскому типу, преддверие влагалища слепо замкнуто. Матка и влагалище отсутствовали. В полости малого таза имелись тяжи (аналогично как при аплазии матки и влагалища, синдроме Рокитанского-Кустера-Мейера-Хаузера). Гонады представляли соединительно-тканные тяжи белесоватого цвета длиной около 1.5-2 см, толщиной 2-3 мм (рис. 2.2.1).

При биопсии гонад (рис. 2.2.2) определялись фрагменты грубоволокнистой частично гиалинизированной соединительной ткани с толстостенными спавшимися сосудами. В некоторых случаях определялись прилежащие участки рыхлой волокнистой хорошо васкуляризированной ткани, в которой определялись фрагменты маточной трубы с выраженной дистрофией эпителия, а также небольшие кистозные образования выстланные дистрофичным призматическим эпителием. Ткани яичников не обнаружено.

При гормональном обследовании выявлен гипергонадотропный гипогонадизм. По данным тестов функциональной диагностики – отсутствие овуляторной функции, соответственно, первичная аменорея и абсолютное бесплодие.

Пациенткам с синдромом Шерешевского-Тернера, кариотип 45,X производили лапароскопию, биопсию гонад, кольпопоэз из тазовой брюшины с лапароскопической ассистенцией. Назначали гормоно-заместительную терапию с 14-16 лет эстрогенами пожизненно.

Рис. 2.2.1. Лапароскопия. Фиброзный тяж (Streak) при 45,X дисгенезия гонад.

Гонады представлены белесоватыми тяжами 16х3 мм, без фолликулов – черная тонкая стрелка.

Имеются маточные трубы, маточные рудименты в виде тяжа - белая вертикальная стрелка (⇓).

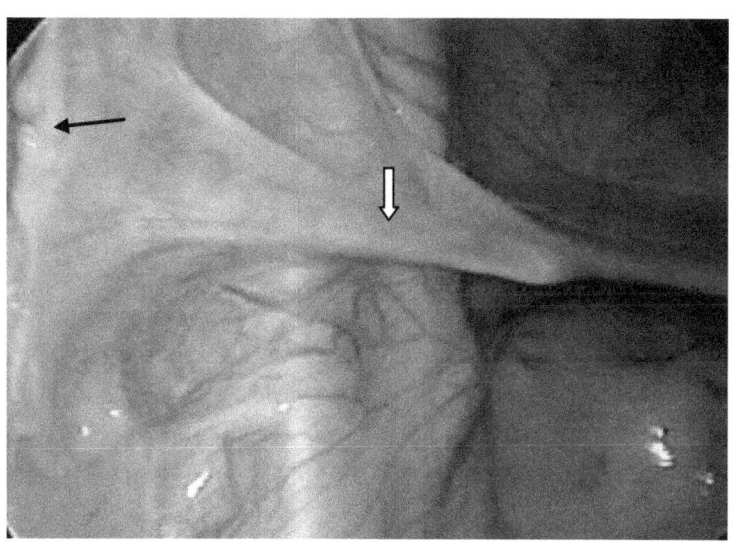

Рис. 2.2.2. В биоптате Streak-гонады при синдроме Шерешевского-Тернера гистологически определяется грубоволокнистый фиброзный тяж (Streak).

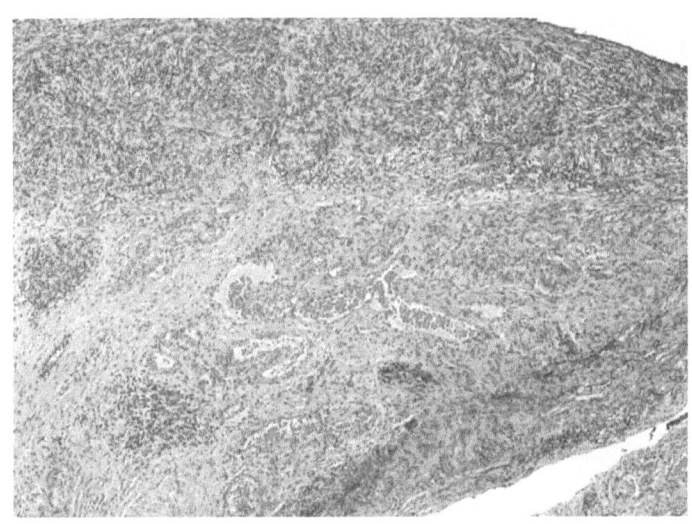

У больных с мозаицизмом, кариотип 45,X/46,XX (синдром Шерешевского-Тернера, мозаичный вариант), гонады представлены гипопластичными яичниками, с малым числом ооцитов. Среди них также имелись анатомо-функциональные различия.

Пациентка М. 20 лет, с кариотипом 45,X/46,XX, мозаицизм составлял 12% - наблюдалась вторичная аменорея. Фенотип женский, молочные железы развиты умеренно. Наружные половые органы развиты по женскому типу, влагалище длиной 7-8 см. Матка однополостная, гипопластичная, нормальной формы, размерами 3.2х2.4х3.6 см. Маточные трубы нормально развитые. Яичники 2.4х1.2 см, с единичными мелкими примордиальными фолликулами (рис. 2.2.3). Гипергонадотропный гипогонадизм, ановуляция. Произведена биопсия яичников.

Гистологически (рис. 2.2.4): среди грубоволокнистой фиброзной ткани имелись единичные ооциты.

Учитывая признаки преждевременной недостаточности яичников, обусловленные дисгенезией яичников, истощением фолликулярного резерва, назначали гормоно-заместительную эстроген-гестагенную терапию. После проведения гормоно-заместительной терапии возможно рассматривать вопрос об экстракорпоральном оплодотворении и подсадке эмбриона в полость матки пациентки при использовании донорских яйцеклеток.

Рис. 2.2.3. Лапароскопически: имеется однополостная гипопластичная матка (белая стрелка), нормальные маточные трубы.

Яичники 2.4x1.2 см, с единичными мелкими примордиальными фолликулами (черная стрелка). Дисгенезия яичников.

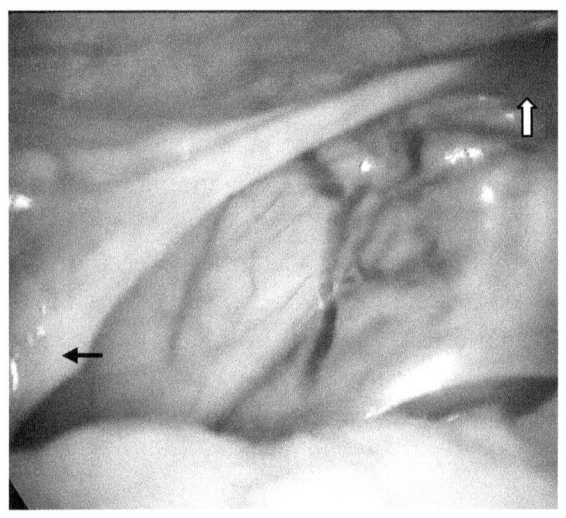

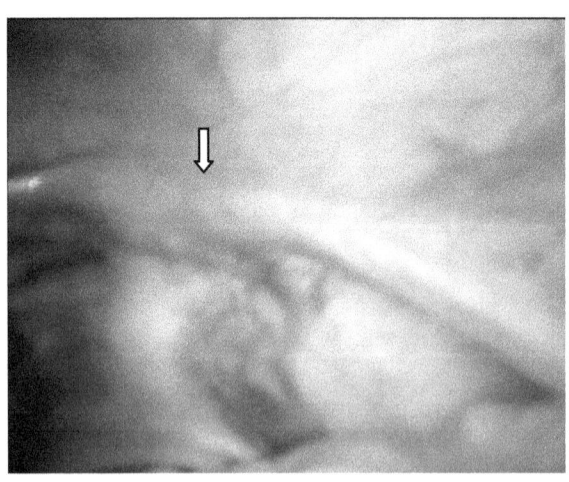

Рис. 2.2.4. Кариотип 45,X/46,XX, Биопсия яичников - среди грубоволокнистой фиброзной ткани имеются единичные ооциты (черная стрелка).

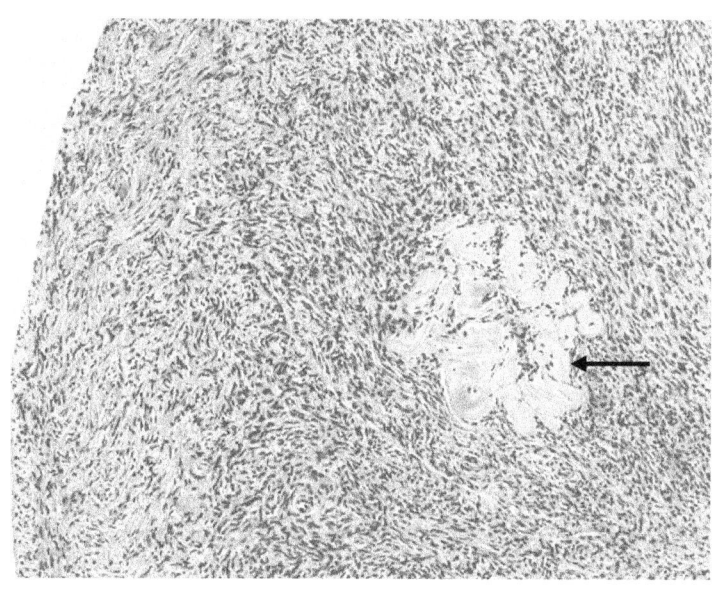

У пациентки Н., 19 лет, с кариотипом 45,X/46,XX, мозаицизм составил 22% наблюдались яичники нормальных размеров (Рис. 2.2.5). Наружные половые органы развиты по женскому типу. Матка, маточные трубы и влагалище нормальной формы и размеров. Яичники размерами 3.0x2.6 см, содержат фолликулы разной стадии созревания. В анамнезе 1 беременность, завершилась самопроизвольным выкидышем в 8-9 недель. Обратилась по поводу вторичного бесплодия. При гормональном обследовании – нормальные показатели. Овуляторная функция сохранена.

При биопсии гонад выявлено наличие примордиальных фолликулов, овариальный резерв снижен.

Рис. 2.2.5. Диагноз: 45,X/46,XX Дисгенезия яичников. Лапароскопически:

- однополостная матка нормальных размеров (белая головка стрелки),
- маточные трубы с выраженными фимбриями (белая стрелка),
- яичники небольших размеров с единичными фолликулами (черная стрелка).

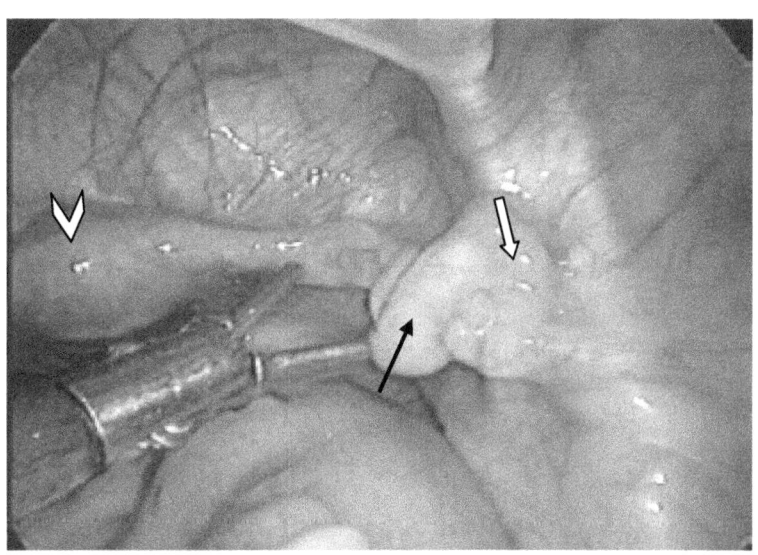

У пациентки М., 18 лет, кариотип 45,X/46,XX, мозаицизм составил 24%.

Рождена от четвертой беременности, IV родов. Возраст родителей на момент рождения: матери 33 года, отцу – 39 лет. Имеет 2 сестры с кариотипом 46,XX и нормальным строением половых органов. Больная низкорослая 150 см, вес 43 кг. По поводу отсутствия менструации обратилась к гинекологу.

При лапароскопии, имеются маточные трубы нормально развитые, и маточные рудименты в виде мышечных тяжей без полости эндометрия (по данным УЗИ, МРТ). Матка и влагалище аплазированы. С обеих сторон имеются мышечные валики 2.0x1.5 см – маточные рудименты (производные мюллеровых протоков). Яичники лентовидной формы длиной около 12 см, шириной 4-5 мм, толщиной 3-4 мм, содержат примордиальные фолликулы (рис. 2.2.6 а, б). Произведена биопсия яичников с обеих сторон, кольпопоэзз из тазовой брюшины.

Гистологически: ткань яичников с примордиальными и атрезирующимися фолликулами.

Рис. 2.2.6- а, б. Яичники лентовидной формы длиной около 12 см, шириной 4-5 мм, толщиной 3-4 мм, содержат примордиальные фолликулы.

а - маточный рудимент справа (белая стрелка)

б – правая гонада представлена лентовидным яичником 12 х5х6 мм, содержит единичные фолликулы (черная стрелка).

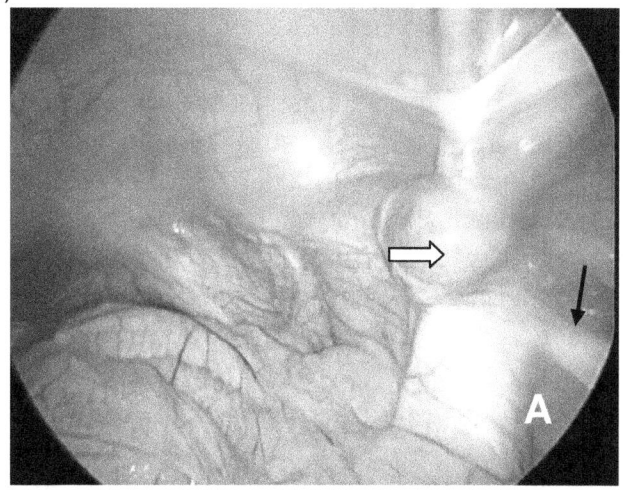

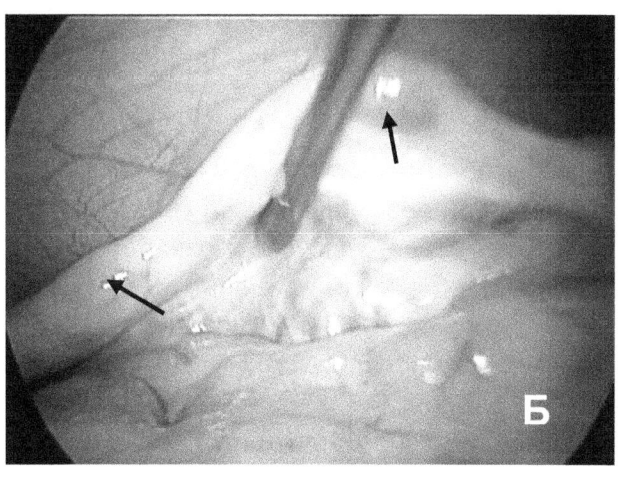

У пациентки Н., 1 года, кариотип 45,Х/46,ХY (синдром Шерешевского-Тернера, мозаичный вариант), наблюдалась смешанная дисгенезия гонад.

Гонады представлены: фиброзный тяж (streak) с элементами овариальной ткани и маточной трубой одной стороны (слева), и контрлатерально (справа) яичко (тестикул) и семявыносящий проток.

Наружные половые органы бисексуального строения: гипертрофированный клитор, вход во влагалище по типу урогенитального синуса. Степень вирилизации по Prader – I-III.

Учитывая кариотип пациентки, высокий риск развития бластоматозного процесса в гонадах, в связи с наличием в кариотипе ХY-хромосом, пациентке произведена двусторонняя гонадэктомия. Пациентка воспитывается в женском поле. Единовременно произведен первый этап феминизирующей пластики – удаление кавернозных тел клитора, с оставлением сосудисто-нервного пучка. При достижении половой зрелости планируется второй этап – М-образная пластика и формирование преддверия влагалища (интроитопластика).

При гистологическом исследовании:
Левая гонада - фрагмент грубоволокнистой ткани с толстостенными сосудами, напоминает строму яичника, среди которой содержатся включения тека ткани и единичные примордиальные фолликулы. В центре кусочка проходит маточная труба с атрофичной слизистой оболочкой, утолщенным мышечным слоем. Заключение: дисгенезия яичника.

Правая гонада - ткань яичка с прилежащим придатком. В яичке канальцы разного диаметра, очаговый склероз и кровоизлияние в строме (крипторхическое яичко) и в придатке яичка. Заключение: дисгенезия яичка.

У больных с первичной аменореей, вторичной аменореей, преждевременной менопаузой или истощением овариального резерва, при кариотипе 46,XX, необходимо проведение биопсии гонад.

При лапароскопии яичники представлены фиброзными тяжами белесоватого цвета размерами 1.0x0.4 см. Маточные трубы свободные на всем протяжении, фимбрии выражены. Матка гипоплазирована, однополостная, имеется единое влагалище.

Гистологически биоптаты яичников: ткань яичника с единичными атрезирующимися фолликулами, под капсулой диффузное разрастание фиброзной ткани с очагами гиперплазии тека ткани. Заключение: дисгенезия яичников.

Диагноз: Кариотип 46,XX. Дисгенезия яичников.

При определении кариотипа в тканях биоптатов яичников в большинстве случаев удается выявить варианты скрытого мозаицизма 45,X/46,XX, структурные аномалии X-хромосомы. Эти больные также относятся к синдрому Шерешевского-Тернера. И тактика ведения зависит от данных кариотипа, фенотипических особенностей в каждом конкретном случае.

Резюме

У больных с синдромом Шерешевского-Тернера имеются три группы больных, различающихся по особенностям кариотипа, анатомии внутренних половых органов и, соответственно, тактике оперативного лечения (см. Систематизацию) и репродуктивным исходам.

У больных с кариотипом 45,X:

➤ Гонады представлены фиброзными тяжами (Streak гонады)

➤ Матки и влагалище аплазированы как при синдроме Рокитанского-Кюстера-Майера[4].

➤ Тактика хирургической коррекции – лапароскопия, биопсия гонад, создание искусственного влагалища.

У больных с кариотипом 45,X/46,XX:

Гонады – дисгенетичные яичники. То есть, имеются элементы овариальной ткани, в зависимости от степени мозаицизма - чем больше процент клеток с нормальным 46,XX кариотипом, тем выше содержание элементов овариальной ткани, вероятность овуляторных циклов и спонтанного зачатия. У этих больных возможны признаки истощения овариального резерва и ранней менопаузы – в 28-33 года.

Матка чаще всего гипопластиная, под влиянием эстрогенной стимуляции на фоне овуляторных циклов (или гормоно-заместительной терапии) достигает

---

[4] Поэтому у больных с аплазией матки и влагалища (синдром Рокитанского-Кюстера-Майера) необходима цитогенетическая диагностика – определение кариотипа.

нормальных анатомо-функциональных показателей.

У этих больных необходима биопсия гонад для верификации диагноза. Репродуктивный прогноз у этих больных наиболее благоприятный, в литературе описаны случае благополучных беременностей и родов доношенным плодом.

<u>У больных с кариотипом 45,X/46,XY:</u>

Гонады представлены фиброзными тяжами с элементами тестикулярной ткани. Некоторые авторы полагают расценивать этот вариант как Овотестикулярное нарушение формирования пола. Согласно положениям Европейского консенсуса у этих больных необходимо удаление гонад в возрасте до 3-5 лет, либо до 15 лет. Поскольку вероятность озлокачествления гонад у этих больных после 30 лет резко возрастает.

У этих больных могут быть персистирующие Мюллеровы протоки, аналогично, как при синдроме Рокитанского-Кюстера-Майера.

Наружные половые органы чаще сформированы по женскому типу. Однако в некоторых случаях, в зависимости от степени мозаицизма, наличия тестикулярной ткани в гонадах и, соответственно, уровня вирилизации андрогенов в крови, возможна гипертрофия клитора, формирование урогенитального синуса, и бисексуального строения наружных половых органов

В некоторых случаях, в отсутствии вирилизирующего воздействия, возможно формирование гипопластичной матки. У этих пациенток после удаления гонад необходимо проведение эстроген-гестагенной гормоно-заместительной терапии.

Возможно проведение ЭКО, с использованием донорской яйцеклетки.

3. 46,XY – нарушения формирования пола

Синдром Тестикулярной феминизации

Определение понятия. Синдром тестикулярной феминизации (СТФ) (androgen insensitivity syndrome) представляет собой полную или частичную нечувствительность тканей к андрогенам, обусловленную нарушением связывающей способности рецептора андрогенов или пострецепторным дефектом [54-56, 74, 75, 76, 81, 90, 129-132, 135-138, 142].

Заболевание было изучено в 1953 году Ф. Моррисом (отсюда второе название синдрома тестикулярной феминизации - синдром Морриса), он же предложил использовать термин - синдром тестикулярной феминизации. В прежней классификации — мужской ложный гермафродитизм у пациентов с женскими наружными гениталиями.

Согласно терминологии Европейского консенсуса – это врожденное состояние относится к группе 46,XY нарушений формирования пола (46,XY disorders of sex development) [76].

XY-нарушение формирования пола с нормальным уровнем тестостерона, предшественников и нормальным уровнем дегидротестостерона [86-89].

Дефект рецепции андрогенов приводит к полной нечувствительности тканей огранов-мишеней к воздействию андрогенов. Это состояние проявляется несоответствием между показателями пренатального кариотипа - 46,XY и женским фенотипом у новорожденных, требующих обследование при наличии семейного анамнеза, или обнаружении паховых грыж у нормально развитых девочек. Полная форма синдрома тестикулярной феминизации, в основном, проявляется в пубертатном периоде как первичная аменорея с нормальным развитием молочных желез. Наличие лобкового оволосения не может исключать диагноза СТФ. Мутация гена рецептора андрогена приводит к снижению андроген-рецептивной функции и проявляется различной степенью вирилизации у пациентов с неполной формой синдрома тестикулярной феминизации. Хотя пациенты с синдромом тестикулярной феминизации имеют нормальный уровень тестостерона и дигидротестостерона ответ на стимуляцию хорионическим гонадотропином, у некоторых может наблюдаться слабый ответ на стимуляцию. Концентрация АМГ нормальная или может быть повышена. ЛГ может быть повышен при нормальном или повышенном уровне тестостерона, показывающий нечувствительность (резистентность) к андрогенам. Семейный анамнез Х-связанных мутаций является информативным, поскольку одна треть случаев является результатом новых спонтанных мутаций.

Установлена локализация гена, ответственного за развитие болезни, на хромосоме X в Xq11-13 [12, 119]. Ген получил название AR (androgen receptor). Он кодирует рецепторный белок, необходимый для воздействия андрогенов на ткани. Ген экспрессируется в клетках многих органов человека на протяжении всего онтогенеза, поддерживая количество рецепторного белка на необходимом уровне [99, 119, 127, 164-166, 171, 172, 175].

Молекулярно-генетический анализ гена *AR* позволяет выявить его мутацию более, чем в 80% случаев при полной форме синдрома тестикулярной феминизации и в 30% случаев при неполной форме СТФ. Определение гена AR не является необходимым при рутинной диагностике синдрома тестикулярной феминизации, поскольку основан на: данных кариотипа (46,XY), морфологии гонад, фенотипа и результатах гормонального обследования.

Довольно часто случаи XY нарушений формирования пола ошибочной диагностируют как «Синдром тестикулярной феминизации»

Диагноз Синдром тестикулярной феминизации может быть поставлен у тех пациентов, которые имеют 46,XY нарушение формирование пола и патогенетическую мутацию андроген-рецептора (AR).

В процессе эмбриогенеза гонады при СТФ дифференцируются как полноценные функционирующие яички. Однако из-за дефекта гена AR ткани больных нечувствительны к тестостерону и дегидротестостерону — гормонам, формирующим мужской фенотип (уретру, простату, половой член и мошонку), и в то же время сохранена её чувствительность к эстрогенам. Это приводит к закономерному (феномен автономной феминизации) формированию женского фенотипа без производных мюллеровых протоков (маточных труб, матки и влагалища), так как продукция MIS-субстанции клетками Сертолли не нарушена.

По результатам большинства исследований пациентов с синдромом тестикулярной феминизации лучше присваивать женский пол. В период полового созревания у больных развиваются вторичные половые признаки, психосексуальная ориентация, наружные гениталии также имеют выраженное женское строение. Кроме того, лечение мужскими андрогенами у больных с синдромом Морриса бесперспективно из-за отсутствия чувствительности к мужским половым гормонам.

Клиническая картина полной формы СТФ характеризуется:

- наличием наружных половых органов женского типа;
- хорошо развитыми молочными железами;
- отсутствием матки, влагалища и простаты;
- в некоторых случаях имеется слепо-замкнутый влагалищный «отросток» длиной до 2.0-2.5 см;
- отсутствием лобкового и подмышечного оволосения.

Телосложение у больных СТФ имеет признаками маскулинизации: высокий рост, узкий таз и промежность, узкие бедра. Молочные железы могут иметь различную степень развития.

Для полной формы характерно типичное женское строение наружных половых органов, глубокое, слепо заканчивающееся влагалище.

Неполная форма заболевания имеет сходство с полной, однако характеризуется половым оволосением и наличием маскулинизации (вирилизации) наружных половых органов, с гипертрофией клитора различной степени и формированием урогенитального синуса.

G. Sinnecker и соавторы в 1996 г. предложили V степеней андрогенизации наружных половых органов при неполной форме СТФ:

- Мужской тип (I степень):
  нарушены сперматогенез и вирилизация в пубертатном периоде.
- Преимущественно мужской тип (II степень):
  изолированная гипоспадия и микропенис;
  гипоспадия высокой степени с разделённой мошонкой;
- Амбивалентный тип (III степень):
  микропенис напоминает клитор;
  мошонка разделена, напоминает половые губы;
  промежностно-мошоночная гипоспадия;
  урогенитальный синус с коротким, слепым влагалищем.
- Преимущественно женский тип (IV степень):
  клитор гипертрофирован и половые губы сращены;
  урогенитальный синус с коротким, слепым влагалищем.
- Женский тип (V степень):
  признаки вирилизации отсутствуют до пубертатного периода;
  увеличенный (до размеров микропениса) и вирилизированный в пубертате клитор.

В гинекологической практике наиболее употребима классификация Von Prader [150] (см. главу 5.2), которая является обратной по отношению к классификации Sinnecker. То есть V степень по Prader – крайняя степень вирилизации у пациентов, отнесенных к женскому полу и имеет мужской тип строения наружных гениталий – мужской фаллос. А в классификации Sinnecker это – I степень, которая является нормой для мужского развития гениталий.

Дифференциальную диагностику СТФ необходимо проводить: с дисгенезией гонад, синдромом незавершённой маскулинизации (дефект гена тестостерон 5α-редуктазы) и с другими формами XY– нарушений формирования пола (XY disorders of sex development).

У больных с 46,XY-дисгенезией гонад, при недостаточности фермента «тестостерон-5α-редуктазы», уровень дегидротестостерона в сыворотке крови больных, по сравнению с возрастными нормативами для мальчиков, значительно снижен, однако значения тестостерона не выходят за границы нормальных показателей и при осмотре, в отличие от больных с СТФ определяется выраженное половое оволосение [86-89].

От больных с XY-дисгенезией гонад больные с СТФ отличаются наличием молочных желёз при скудном оволосении, слепо замкнутым влагалищем, отсутствием матки, наличием тестикул в брюшной полости или по ходу паховых каналов, а также низкими показателями содержания ФСГ при относительно невысокой концентрации ЛГ. При дифференциальной диагностике с другими формами нарушения формирования пола показана консультация эндокринолога, генетика.

Определение в кариотипе Y-хромосомы при женском фенотипе — является показанием для двустороннего удаления тестикул с целью предотвращения опухолевого перерождения половых желёз.

В связи с повышенным риском неопластической трансформации яичек, расположенных в брюшной полости, всем пациентам сразу после установления диагноза проводят двустороннее удаление половых желёз преимущественно лапароскопическим доступом, а также проводят феминизирующую пластику наружных половых органов.

Цель лечения больных с полной формой СТФ — предотвращение опухолевого перерождения тестикул, находящихся в брюшной полости. При неполной форме СТФ необходимо предотвратить пубертатную вирилизацию наружных половых органов и огрубение голоса. При наличии врождённой вирилизации наружных половых органов показана феминизирующая пластика. В послеоперационном периоде у больных с этими формами СТФ проводят ЗГТ с целью восполнения эстрогенного дефицита. Это позволяет предотвратить развитие постгонадэктомического синдрома, вторичной гонадотропиномы и некоторых симптомов, характерных для менопаузы.

При удалении яичек больным с СТФ до достижения половой зрелости необходимо проводить ЗГТ в пубертатном периоде (12–14 лет). Лечение проводят для нормального формирования вторичных половых признаков и предотвращения развития евнухоидных пропорций тела. Целесообразно назначение ЗГТ «натуральными» (эстриол, эстрадиол) или «синтетическими» эстрогенами с последующим переходом на монофазную бигормональную терапию.

Наилучший эффект получают при использовании ЗГТ препаратами, содержащими эстроген и гестаген, поскольку они препятствуют развитию эстрогензависимой гиперплазии ткани молочной железы и в условиях резистентности к андрогенам выполняют у таких больных роль единственных эндогенных антагонистов эстрогенов. В последние годы отдают предпочтение комбинированным препаратам с содержанием эстрадиола (например, Фемостон). Гормоно-заместительную терапию проводят до достижения возраста физиологической менопаузы, при постоянном наблюдении эндокринолога.

Гистологически удаленные гонады - со структурными элементами дисгенетичного яичка. Ткань яичка, семенные канальцы которого представлены сплошными тяжами клеток, расположенными среди рыхлой соединительной неоформленной ткани. Ткань гонады представлена мелкими рудиментарными семенными канальцами, выстланными недифференцированными клетками, окружены рыхлой отечной стромой. Эпителий канальцев недифференцирован. Определяется гиперплазия клеток Лейдига вокруг семенных канальцев. В придатке яичка петли канала с неравномерно расширенным просветом выстланы уплощенным эпителием, интерстиций отечный, с полнокровными сосудами.

Выявленные изменения характерны для синдрома тестикулярной феминизации (рис. 3.1.1).

Рис. 3.1.1. Синдром тестикулярной феминизации. Гиперплазия клеток Лейдига (черная стрелка) вокруг семенных канальцев (белая стрелка) с препубертатным созреванием.

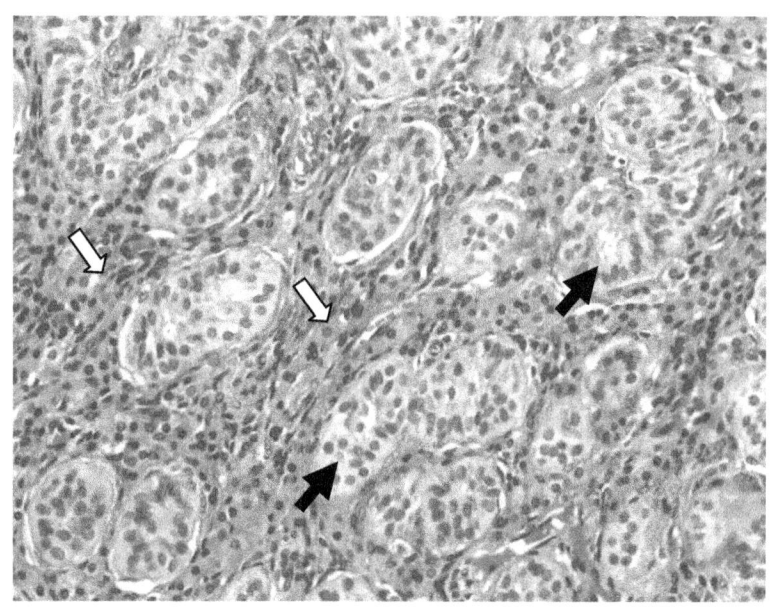

Создание искусственного влагалища у больных с СТФ проводится с использованием следующих основных методов:

➢ Бескровный кольпопоэз (или кольпоэлонгация) по Шерстневу [63]. При выборе кольпоэлонгации необходимо учитывать анатомические особенности больных с СТФ — узкий таз, узкая промежность, ригидность мягких тканей промежности, что значительно снижает эффективность процедуры. Решение о выборе метода возможно при гинекологическом осмотре больных, оценке анатомических особенностей, растяжимости тканей вульвы при двупальцевом исследовании. Кольпоэлонгация (бескровный кольпопоэз) по Шерстневу заключается в ежедневных сеансах, продолжительностью вначале по 20 мин с постепенным увеличением сеанса до 40 мин. Степень давления кольпоэлонгатором определялась самой пациенткой по характеру болевых ощущений, В среднем курс состоял из 10—20 сеансов. Для улучшения растяжимости тканей неовлагалища применяли крем Овестин, Контратубекс. При достижении нормальных размеров неовлагалища – длиной до 11-12 см, продолжали использование крема Овестин 2 раза в неделю в течение 2 месяцев. Полным эффектом кольпоэлонгации по Шерстневу считали растяжение неовлагалища на глубину 8—9 см, частичным — 6—7 см в сочетании с достаточной эластичностью тканей для дальнейшего растяжения (при регулярной половой жизни). При контрольном осмотре через 6 месяцев отмечены удовлетворительные результаты.

➢ Сигмоидальный кольпопоэз используется до настоящего времени у больных с СТФ [1, 10, 12, 22, 24, 26, 38-43, 55, 56, 177]. Может выполняться единовременно при удалении гонад, лапароскопическим доступом. Мобилизация сигмовидной кишки, наложение анастомоза возможно с использованием сшивающих аппаратов. Операцию возможно выполнять в детском и пубертатном возрасте – нет риска стенозирования неовлагалища. Результаты проведенного сигмоидального кольпопоэза можно считать удовлетворительными по результатам отдаленных послеоперационных результатов: размеры неовлагалища, качество слизистой оболочки. Однако необходимо учитывать недостатки сигмоидального кольпопоэза: сложность выполнения операции, необходимость резекции сигмовидной кишки и наложения межкишечного анастомоза. У большинства больных отмечается присутствие колибациллярной флоры и специфического запаха в неовагины, некоторые из них испытывают сексуальную дисфорию, неудовлетворенность.

➢ Брюшинный кольпопоэз разработан академиком Л.В. Адамян [1, 56, 59] и успешно применяется как у больных с синдромом Рокитанского-Кюстера-Майера (аплазия матки и влагалища), так и у пациентов с 46,XY нарушением формирования пола. Операцию проводят в возрасте, когда пациентка готова жить регулярной половой жизнью Операцию выполняют комбинированным лапаро-промежностным доступом, под эндотрахеальным наркозом. Пациентку укладывают на операционный стол с разведенными бедрами.

Влагалищный этап операции: кожу промежности рассекают длиной 3—3,5 см в поперечном направлении на уровне нижней границы малых половых губ. Острым и тупым путем создают канал между мочевым пузырем и прямой кишкой в строго горизонтальном направлении с переходом кпереди и вдоль мочевого пузыря.

При лапароскопии уточняют анатомию органов малого таза: размеры и локализацию гонад, оценивают структуру персистирующих мюллеровых протоков. Манипулятором (или зажимом) идентифицируют самую мобильную часть брюшины, которую низводят в создаваемый влагалищным доступом уроректальный канал. Складку брюшины захватывают в тоннеле зажимами и рассекают ножницами со стороны преддверия влагалища. Края разреза брюшины низводят и подшивают №6-8 отдельными викриловыми швами к краям кожного разреза, формируя вход во влагалище. В созданное неовлагалище вводят тугой марлевый тампон, смоченный вазелиновым маслом. Формирование купола производят наложением кисетного шва на брюшину дна мочевого пузыря, захватывая мышечные валики (рудиментов матки) и брюшину, покрывающую боковые стенки таза, переднюю стенку нисходящего отдела толстого кишечника. Место для создания купола неовлагалища выбирают на расстоянии 10—12 см от преддверия влагалища.

В мочевой пузырь сразу по окончании операции вводят катетер Фолея на 1—2 дня, удаляя одновременно с тампоном из неовлагалища. Длительность операции кольпопоэза с лапароскопической ассистенцией составляет 25—45 мин. Кровопотеря - не более 50-100 мл.

На 8-е сутки после операции проводят гинекологический осмотр, оценивают состояние входа во влагалище (тканевая реакция, растяжимость).

Кольпопоэз из тазовой брюшины с лапароскопической ассистенцией по методике академика Л.В. Адамян, имеет следующие преимущества:

- лапароскопия позволяет определить наиболее подвижную часть тазовой брюшины, что необходимо мобилизации брюшины и низведения в канал между мочевым пузырем и прямой кишкой
- формирование купола неовлагалища лапароскопическим доступом позволяет выбирать длину неовлагалища
- при лапароскопии одновременно оценивают состояние органов малого таза, уточняют местонахождение и состояние гонад;
- единовременно выполняется удаление гонад при кариотипе XY.

Основные характеристики неовлагалища (возможность половой жизни, данные вагинального исследования) оценивают через 3—4 мес. При гинекологическом осмотре видимая граница между преддверием влагалища и неовлагалищем отсутствует, длина неовлагалища колеблется от 10 до 12 см, неовлагалище проходимо для двухпальцевого исследования, стенки хорошо растяжимы. Стенки неовлагалища умеренно складчатые, в нем обнаруживается незначительное слизистое отделяемое [1, 59].

Послеоперационные осложнения возможны в связи с отсутствием регулярной половой жизни в течение длительного времени после операции - возникновение стриктуры неовлагалища. Для профилактики стеноза неовлагалища рекомендуется бужирование, с использованием в фаллоимитаторов и кольпоэлонгаторов (см. выше кольпоэлонгацию по Шерстневу).

Резюме

Всем больным с синдромом тестикулярной феминизации показана двусторонняя гонадэктомия, создание искусственного влагалища. После удаления гонад пациенты с СТФ должны получать гормоно-заместительную терапию.

46,XY - дисгенезия гонад

Определение понятия. 46,XY дисгенезия гонад, или синдром Свайера, дисгенезия гонад при 46,XY, описан G.I.M. Swyer в 1955 году.

При полной форме 46,XY дисгенезии гонад (Swyer syndrome), пациенты имеют женский фенотип со стрек-гонадами. В некоторых случаях выявляются овотестис или недифференцированные гонады. Мюллеровы производные в основном присутствуют, вследствие поражения секреции Анти-Мюллерового гормона в раннем фетальном периоде. Андрогены и их предшественники имеют низкий уровень. ЛГ повышается, соответственно возрасту, низкий (или полное отсутствие) ответ тестостерона на стимуляцию хорионического гонадотропина. Концентрация АМГ низкая или не определяемая, а функция надпочечников в норме [76, 148, 149].

У пациентки с 46,XY смешанной дисгенезией гонад, слева дисгенетичное яичко (тестикул), справа – фиброзный тяж (streak) (рис. 3.2.1). Имеется однополостная гипопластичная матка, нормальное влагалище. Наружные половые органы развиты по женскому типу [9].

При двустороннем удалении гонад, гистологически: Слева ткань яичка с отечной стромой и рудиментарным сперматогенным эпителием. В канальцах клетки в состоянии дистрофии и атрофии. Отдельно - соединительнотканный пласт с толстостенными кровеносными сосудами. Дисгенезия гонады. Справа - соединительно-тканный тяж, содержащий крупные толстостенные сосуды и рудиментарные семенные канальцы. Заключение: гонадный тяж.

Рис. 3.2.1. Диагноз: 46,XY дисгенезия гонад.

Производится аднексэктомия справа

Справа гонада представлена фиброзным тяжом (Streak) (черная стрелка), имеется маточная труба.

Однополостная гипопластичная матка (белая стрелка).

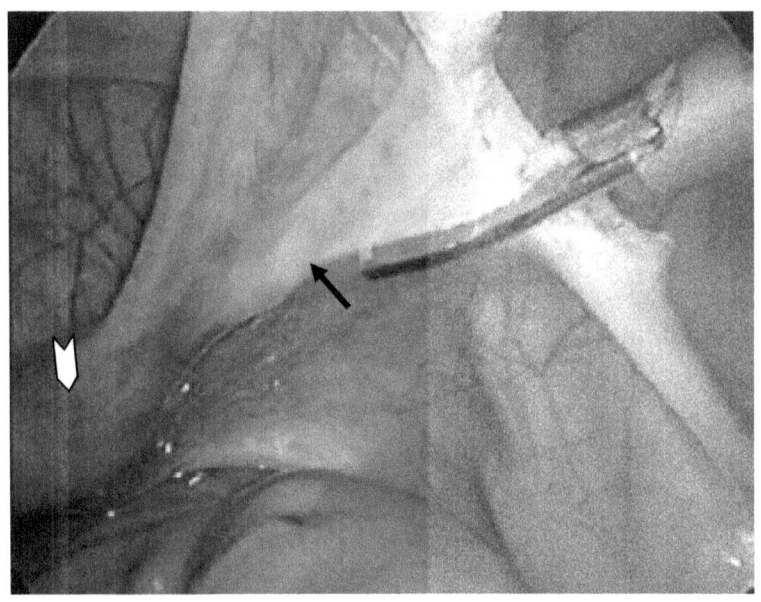

Неполная форма 46,XY - дисгенезии гонад может присутствовать с различными фенотипами: от клиторомегалии, до бисексуального строения наружных гениталий, или мужской гипоспадии. Мюллеровы производные могут присутствовать или отсутствовать. Тестикулы могут иметь различные размеры и гистологическую структуру, и могут находится в различной стадии опущения. Биохимический профиль аналогичный, как при полной форме, но менее выражены. Если в детском возрасте у пациентов с 46,XY дисгенезией гонад (тестикул) может наблюдаться лишь незначительная степень клиторомегалии, то в пубертатном возрасте появляются признаки андрогенизации.

Молекулярно-генетический анализ в совокупности с клиническими и морфологическими признаками позволяет провести правильный дифференциальный диагноз.

Молекулярно-генетические исследования показывают, что у небольшого числа больных с данной патологией выявляется делеция короткого плеча Y хромосомы, где локализуется ген SRY (ген, определяющий развитие яичек) или мутация SRY гена.

Согласно принятому консенсусу, у детей с 46,XY дисгенезией гонад, 46,XX тестикулярным нарушением формирования пола, синдромом тестикулярной феминизации или овотестикулярным нарушением формирования пола, которых предстоит отнести к женскому полу, следует как можно скорее, лучше в первые 3 месяца жизни, удалить тестикулярную ткань или рудиментарные гонады [76, 91, 148, 149].

По данным литературы, наиболее высокий риск малигнизации гонад выявлен у больных с 46,XY дисгенезии гонад, при неполной форме тестикулярной феминизации, низкий риск малигнизации (менее 5%) наблюдается при овотестис и полной форме синдрома тестикулярной феминизации [9, 21, 23, 35, 91, 116, 151, 154, 173].

При хирургическом лечении пациентов 46, XY нарушениями формирования пола существует два основных принципа [76, 91, 113-115, 148, 149, 153]:

1) раннее определение пола пациента

2) раннее удаление гонад и генитальная реконструкция.

Учитывая высокий риск малигнизации дисгенетичных гонад у больных с 46,XY дисгенезией гонад, рекомендовано двустороннее удаление гонад до 3-5 лет.

Пациентка П., 15 лет (рис. 3.2.2; 3.2.3; 3.2.4; 5.2.3-5.2.6), обратилась с жалобами на отсутствие менструаций, атипичное строение наружных половых органов, увеличение клитора [9].

Выявлено нарушение формирование пола в 16 лет, соответственно выполнена двусторонняя аднексэктомия, а также первый этап феминизирующей пластики наружных половых органов - редукционная клиторопластика.

Из анамнеза: рождена от первой беременности, протекавшей с угрозой прерывания в первом триместре. При рождении зарегистрирована в женском поле. Росла и развивалась нормально.

При осмотре: Телосложение правильное, по женскому типу, рост – 168 см, вес – 49 кг. Отмечалось умеренно-выраженное оволосение области живота, бедер, предплечий. Молочные железы развиты умеренно.

При гинекологическом осмотре выявлено (рис. 3.2.4): Бисексуальное строение наружных половых органов. Клитор гипертрофирован – ствол клитора длиной 60 мм, диаметром 12 мм. У основания клитора имеется незначительно суженный вход во влагалище, с гименальной складкой.

При осмотре в зеркалах - имеется нормальное влагалище, слизистая розовая. Шейка матки субконическая, цервикальный канал диаметром 3 мм. Матка гипопластичная: длина 36 мм, передне-задний размер 15 мм, ширина 28 мм (по данным УЗИ, МРТ). М-эхо линейное.

Гонады расположены высоко у стенок малого таза. Правая гонада размерами 26х18х16 мм. Левая гонада размерами 13х6х4 мм.

Гормоны крови и онкомаркеры см. табл. 3.2.1:

Гормоны крови	Полученные показатели	Норма
	ЛГ-40,7 МЕ/л	2.3-15 МЕ/л
	ФСГ – 109.0 МЕ/л	2.0-10.0 МЕ/л
	Пролактин – 297 мМе/л	120-500 мМе/л
	Эстрадиол – менее 73 пмоль/л	150-480 пмоль/л
	Тестостерон – 6.5 нмоль/л	1.0-2.5 нмоль/л
	Кортизол – 425 нмоль/л	200-550 нмоль/л
	ДГА-S – 6.3 мкмоль/л	0.9-11.7 мкмоль/л
	17-ОН - 4.3 нмоль/л	2-15 нмоль/л
Онкомаркеры	СА-125 – 9.1 ед/мл	0-35 ед/мл
	РЭА – 4.2 нг/мл	0-5 нг/мл

При цитогенетическом обследовании у больной выявлен кариотип 46,XY.

Лапароскопически (рис. 3.2.2):

Матка гипопластичная, нормальной формы, размерами 36х15х28 мм, отклонена влево.

Справа имеется гипопластичная маточная труба, фимбрии выражены. Правая гонада размерами 26х18х16 мм. округлой формы белесоватого цвета, с гладкой поверхностью, мягковатой консистенции, напоминает дисгенетичное яичко.

Слева тонкая маточная труба, фимбрии выражены. Слева гонада размерами 13х6х4 мм, представлена фиброзным тяжем белесоватого цвета

Висцеральная и париетальная брюшина малого таза гладкая, блестящая. Свободной жидкости в брюшной полости и малом тазу нет.

Ход операции: Воронкотазовые связки с обеих сторон, а также собственные связки яичников вместе с маточными трубами в области маточных углов коагулированы, образования пересечены и удалены в пластиковом контейнере из брюшной полости через боковой 12 мм троакар.

Рис. 3.2.2- а, б. Лапароскопически.
А - матка небольших размеров, видны правые и левые гонады и маточные трубы.
Б – правая гонада (белая стрелка) и маточная труба (черная стрелка)
Матка – белая звездочка
Гонады – белая стрелка
Маточные трубы – черная стрелка

Рис. 3.2.2- а, б. Лапароскопически.

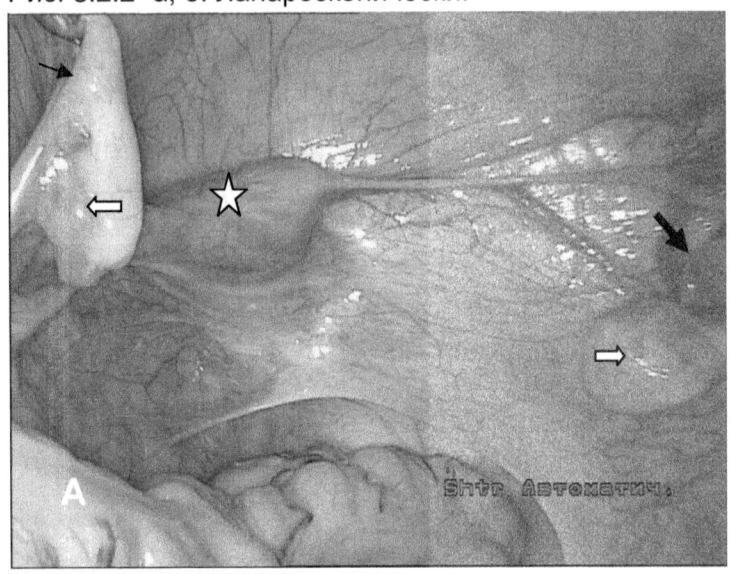

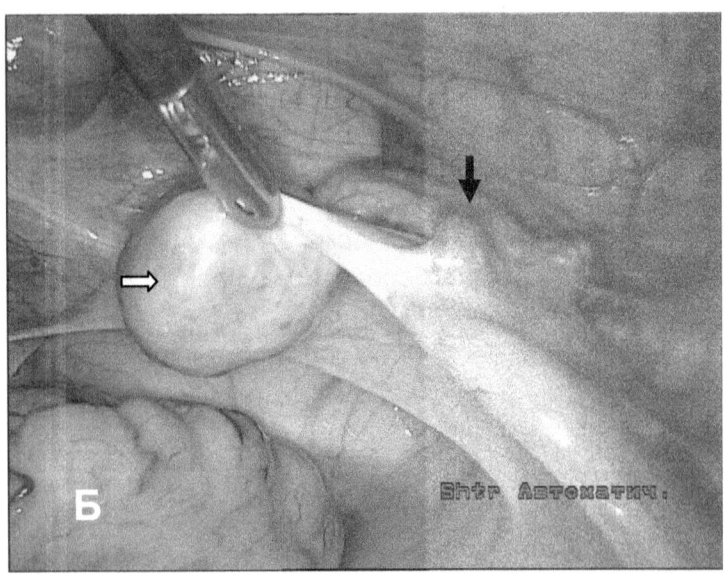

Морфологическое исследование

При макроскопическом исследовании правая гонада размерами 26x18x16 мм округлой формы белесоватого цвета, с гладкой поверхностью, мягковатой консистенции, на разрезе с кистозной полостью диаметром 1.2 см. К ней прилежит гипопластичная маточная труба.

Левая гонада размерами 13x6x4 мм, в виде фиброзного тяжа белесоватого цвета, прилежащая маточная труба тонкая, фимбрии выражены.

При микроскопическом исследовании (рис. 3.2.3 а, б) правая гонада замещена опухолевой тканью, имеющей строение гонадобластомы из кистозно-солидных структур с очагами обызвествления и сохранившимися участками стромы яичка с клетками Лейдига и придатком яичка.

Левая гонада - Streak - гонада с выраженным гиалинозом ткани, склерозированными сосудами с резко утолщенной интимой, а также с придатком яичка. Маточные трубы незрелые без признаков функциональной активности.

Заключение: Гонадобластома в дисгенезированной гонаде справа и штрек гонада слева на фоне 46ХУ нарушения формирования пола.

Рис 3.2.3- а, б. Гонадобластома в дисгенезированном яичке. Окраска гематоксилином и эозином.

3.2.3-а – кистозное образование, в стенках которого обнаруживаются ячеистого вида разрастания опухолевой ткани, отграниченные фиброзной капсулой от сохранной ткани дисгенезированного яичка. x1,25.

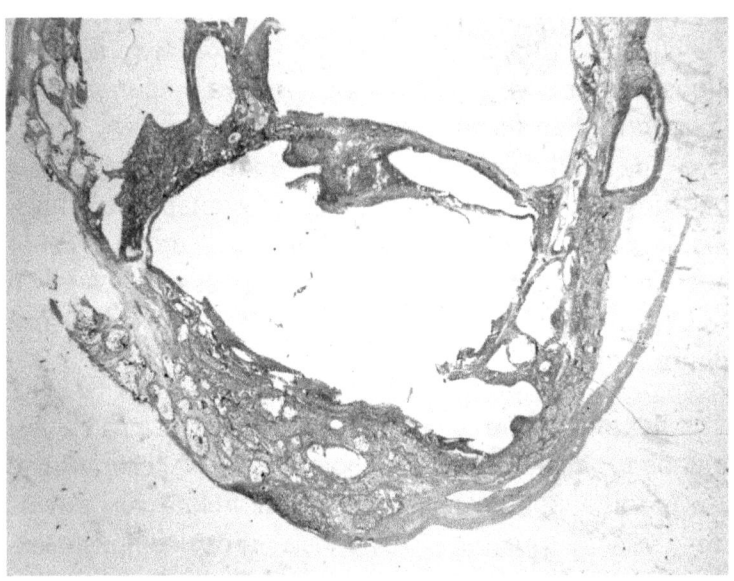

3.2.3-б – Тот же препарат. Ткань опухоли, построенная из крупных клеток со светлой цитоплазмой, формирующих гнездные скопления, разделенные фиброзными септами. Х200.

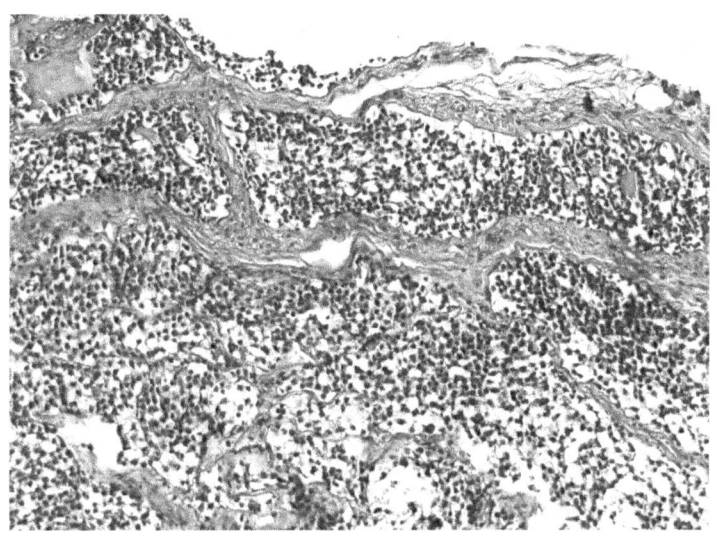

Наличие гонадобластомы у пациентки 15 лет с 46,XY дисгенезией гонад подтверждает высокий риск малигнизации тестикулярной ткани, и оправдывает хирургическую тактику раннего удаления гонад при 46,XY нарушениях формирования пола.

Учитывая наличие вирилизации наружных половых органов IV степени по Prader, выполнена феминизирующая пластика наружных половых органов – см. рис. 5.2.3-5.2.6.

Рис. 3.2.4. Наружные половые органы до операции. Гипертрофированный клитор – черная стрелка. Вход во влагалище – белая стрелка.

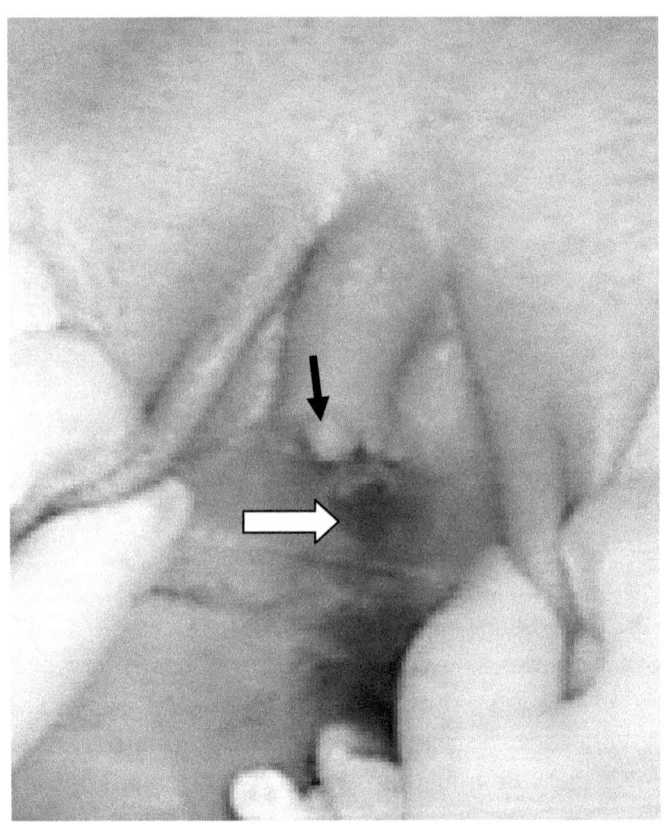

Клиническое наблюдение, у пациентки Л., 13 лет, диагноз:

46,XY, дисгенезия гонад

Для детализации анатомо-функциональных особенностей аномалии половых органов сформулирован диагноз, включающий кариотип, гонады, анатомию внутренних и наружных половых органов (согласно предложенной систематизации):

- Кариотип - 46,XY.
- Дисгенезия гонад, смешанный вариант: слева - фиброзный тяж, справа - яичко.
- Матка и влагалище нормальной формы.
- Наружные половые органы – III-IV степень вирилизации по Prader [10].

Тактика ведения, соответственно сформулированному диагнозу:

- ➢ Больная воспитывается в женском поле.
- ➢ Операция - лапароскопия, двусторонняя аднексэктомия,
- ➢ Феминизирующая пластика наружных половых органов – клиторедукция за счет резекции кавернозных тел клитора.
- ➢ Гормонозаместительная терапия эстроген-гестагенными препаратами.

Феминизирующая коррекция наружных половых органов заключалась в резекции кавернозных тел клитора, с оставлением сосудисто-нервного пучка и головки клитора (вместо удаления клитора) (рис. 3.2.4).

На рис. 3.2.5. Гистологически - незрелая ткань яичка, представленная незрелыми семенными канальцами без признаков сперматогенеза, прилежащая ткань придатка с резко отечной стромой, разнокалиберными полнокровными сосудами. Заключение: незрелая ткань семенника без признаков сперматогенеза. Заключение: дисгенезия гонады.

Рис. 3.2.5. Диагноз: 46, XY Дисгенезия гонад (тестикул). Гистологически – незрелая ткань яичка, семенные канальцы под рыхлой соединительно-тканной белочной оболочкой (черная стрелка).

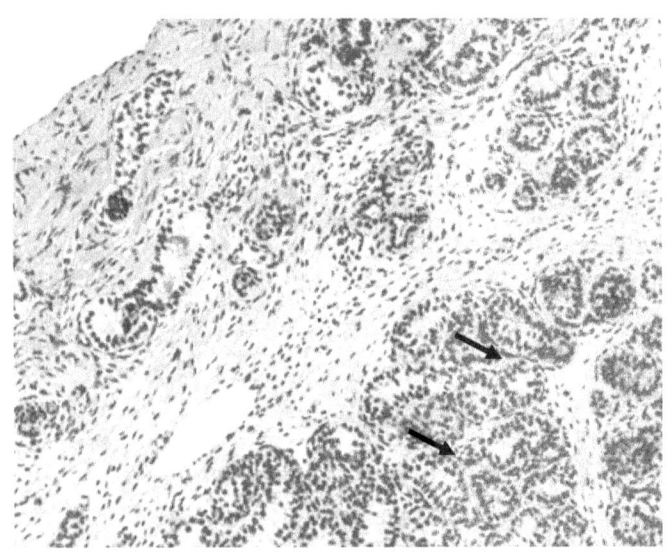

Резюме

У пациенток с полной формой 46,XY дисгенезии гонад показано удаление гонад, с последующей гормоно-заместительной терапией. При неполной форме 46,XY дисгенезии гонад необходимо проведение феминизирующее пластики наружных половых органов.

При наличии матки возможно проведение ЭКО с донорской яйцеклеткой и подсадка эмбриона в полость матки.

4.1. Овотестикулярное нарушение формирования пола

Определение понятия. Овотестикулярное нарушение формирование пола – это состояние, при котором гонады содержат одновременно элементы овариальной и тестикулярной ткани, то есть двуполые гонады - Ovotestis.

Этот термин рекомендован к применению Европейским консенсусом в 2006 [76, 91, 148, 149], вместо прежней терминологии - «Истинный гермафродитизм» [19].

По данным большинства авторов, при овотестикулярном нарушении формирования пола наблюдаются различные варианты кариотипа, почти в 80% случаев наблюдается кариотип 46,XY, менее 18% - 46,XX, в остальных случаях удается выявить хромосомные аномалии (делеции половых хромосом, транслокации - 46XdelY(q-) и др.), мозаицизм (46,XX/46,XY; 45,X/46,XY и др.), а также генные мутации (наиболее часто – мутация гена SRY) [27, 28, 60-62, 92].

Некоторые авторы считают, что при наличии в гонадах фиброзного тяжа и элементов тестикулярной ткани, этот вариант также можно рассматривать как Овотестис. Наиболее часто такой вариант Овотестис: фиброзный тяж (Streak) + тестикулярная ткань наблюдается при кариотипе 45,X/46,XY. Возможно, что в таких случаях фиброзный тяж (Streak) является производным овариальной ткани, аналогично, как при синдроме Тернера [143].

Возможны варианты, когда с одной стороны имеется Овотестис, а с другой – фиброзный тяж (Streak гонада), в сочетании (или без) с тестикулрной или овариальной тканью. В этих случаях диагноз также – овотестикулярное НФП.

Фенотип пациентов с овотестикулярным НФП вариабельный:
➢ Гонады – овотестис (см. выше). Локализация гонад возможна – в брюшной полости, в паховых каналах, в толще больших половых губ.
➢ Внутренние половые органы могут быть представлены производными Мюллеровых протоков – маточными рудиментами, а в некоторых случаях гипопластичной маткой.
➢ Наружные половые органы могут быть развиты по женскому типу, но чаще имеют бисексуальное строение (гипертрофированный клитор, персистирующий урогенитальный синус), в зависимости от степени вирилизации. Для характеристики степени вирилизации наиболее удобна классификация Von Prader (см. главу 5.2).

У пациентки Н. 14 лет, кариотип 46,XY, при лапароскопии, гонады представлены овотестис. В малом тазу имеются рудиментарные производные Мюллеровых протоков в виде тонких мышечных тяжей (матка и влагалище отсутствуют). Наружные половые органы бисексуального типа, степень вирилизации по Prader - III.

Пациентка воспитывается в женском поле. Учитывая кариотип 46,XY, а также наличие в гонадах тестикулярной ткани, произведена двусторонняя аднексэктомия. Единовременно выполнена феминизирующая пластика наружных половых органов

— удаление кавернозных тел клитора, рассечение урогенитального синуса. Вторым этапом планируется произвести кольпопоэз из тазовой брюшины, с лапароскопической ассистенцией.

При гистологическом исследовании:

Левые придатки - ткань маточной трубы и широкой связки матки, среди которой содержится склерозированный яичник с ангиоматозом стромы, единичными примордиальными фолликулами и узловое железистое образование, представленное множественными трубчатыми протоками с выстилкой из гиперхромного кубического эпителия, напоминающего сперматогенный - редуцированная ткань яичка. Овотестис.

Правые придатки - ткань маточной трубы и широкой связки матки, среди которой содержится склерозированный яичник с ангиоматозом стромы, единичными примордиальными фолликулами и узловатое железистое образование, представленное некротизированной тканью с трубчатыми протоками с выстилкой из гиперхромного кубического эпителия, напоминающего сперматогенный (редуцированная ткань яичка с некрозом). Заключение - Овотестис.

У пациентки Ш., 17 лет, кариотип 46,XY:
- гонады представлены справа – тестикул, слева – овотестис; гонады локализованы в паховых каналах
- имеется рудиментарная (гипоплазированная) матка двурогой формы, маточные трубы с обеих сторон, верхняя треть замкнутого влагалища
- наружные половые органы – клитор длиной 3.5 см,

с промежностной гипоспадией (III-IV степень вирилизации по Prader).

Из анамнеза. Пациентка Ш. рождена от III переношенной беременности. У мамы выявлено возможное влияние профессиональной вредности при беременности – работа со свинцом на химическом предприятии. Роды вторые на 41-42 неделе. При рождении вес 3300, рост 51 см.

Неправильное строение наружных половых органов отмечено с рождения. Кариотип 46,XY, ребенок при рождении зарегистрирован в мужском поле.

Наружные половые органы бисексуального типа: микропенис, вирилизация по Sinecker III степень, или соответственно, по Prader III-IV степень. Диагностирована промежностная форма гипоспадии, двусторонний крипторхизм, абдоминальная ретенция. Консультирован андрологом.

В 2 года произведена операция по выпрямлению полового члена. В 3 года операция по поводу крипторхизма, произведено низведение правого яичка. Слева выявлено рудиментарное яичко и маточная труба, а также рудиментарная матка в виде тяжа. Произведено удаление левой гонады, гистологически имеется тестикулярная и овариальная ткань (овотестис).

В возрасте 4 лет при контрольном осмотре андрогинекологом, признаны неудовлетворительные результаты гормональной терапии и состояния правого яичка. Предложена смена пола, с удалением крипторхического правого яичка и последующей феминизирующей пластикой (первый этап) наружных половых органов. Произведено удаление кавернозных тел клитора, с оставлением сосудисто-нервного пучка (головки) клитора.

В 13 лет начата гормоно-заместительная терапия. Учитывая наличие рудиментарной матки и верхней 1/3 влагалища в полости малого таза, решено произвести операцию по созданию неовлагалища. В 15 лет произведена операция – сигмоидальный кольпопоэз и создание соустья между неокольпосом и верхней 1/3 влагалища, с рудиментарной функционирующей маткой.

Проводилась гормональная терапия эстроген-гестагенными препаратами в циклическом режиме. На фоне заместительной терапии отмечено удовлетворительное развитие молочных желез. Однако соустье между маткой и неовлагалищем атрезировано. В связи с рецидивирующей гематометрой в результате несостоятельности соустья между неовлагалищем и замкнутым участком собственного влагалища, а также неудовлетворительные результаты гормонотерапии рудиментарной матки, в возрасте 17 лет произведено удаление рудиментарной матки лапароскопическим доступом. Матка оказалась гипопластичная, двурогой формы. При гистологическом исследовании: рудиментарная матка двурогой формы состоит из миометрия со склерозом стромы, отмечена выраженная дистрофия миоцитов, эндометрий атрофичный.

Диагноз согласно Европейского Консенсуса по ведению интерсексуальных заболеваний, 2006 [91, 148]:
Овотестикулярное нарушение формирование пола, кариотип 46,XY.

Данный диагноз не отражает анатомические особенности порока развития гениталий.

Для детализации анатомо-функциональных особенностей порока нами сформулирован диагноз, включающий кариотип, гонады, анатомию внутренних и наружных половых органов [32]:

- Кариотип - 46,ХY.
- Гонады - Дисгенезия тестикул.
- Двурогая рудиментарная матка.
- Аплазия дистальных 2/3 влагалища.
- Наружные половые органы – III-IV степень вирилизации по Prader.

Тактика ведения, соответственно сформулированному диагнозу:

➢ Больная воспитывается в женском поле.
➢ Операция - лапароскопия, удаление гонад,
➢ удаление рудиментарной матки.
➢ Кольпопоэз из сигмоидального отдела поперечно-ободочной кишки (создание неовлагалища).
➢ Феминизирующая пластика наружных половых органов.
➢ Гормоно-заместительная терапия.

Пациентка Ч. 15 лет, впервые нарушение формирования пола выявлено в возрасте 1 года. Зарегистрирована при рождении в женском поле.

Наружные половые органы бисексуального типа: гипертрофия клитора, сращение малых половых губ (вирилизация по Prader II степень).

Кариотип 46,ХY, ген Sry+. Гонады представлены: слева овотестис в полости малого таза, справа – дисгенетичное яичко в области правой большой половой губы. В полости малого таза определяются маточные рудименты в виде мышечных валиков и маточные трубы.

Произведена двусторонняя гонадэктомия, кольпопоэз из тазовой брюшины.

По данным гистологического исследования:
правая гонада (1,0х 0,6х 0,5 см) – яичко - по всей площади заполнено извитыми семенными канальцами (ИСК), в пространстве между которыми локализована интерстициальная ткань, клетки Лейдига (КЛ). Среди клеток Лейдига митозы не отмечены. Половые клетки локализованы по мембране извитых семенных канатиков. Область сети яичка (Rete testis) васкуляризирована, обильное кровенаполнение. Поверхностный эпителий яичка сохранен.

Слева ткань гонады - со структурными элементами дисгенетичного яичка и овариальной стромой; слева соединительнотканный тяж с ангиоматозными сосудами и элементами трубы.

Слева мышечная структура с кровеносными сосудами, с включением элементов соединительной ткани. Дериваты мюллеровых протоков - маточный рудимент и левая маточная труба.

Заключение: Слева- овотестис, справа- дисгенетичное яичко. Персистенция Мюллеровых протоков.

Диагноз, по Европейскому консенсусу, 2006 [148]:
46,XY овотестикулярное нарушение формирования пола.

Клинический диагноз (согласно предложенной нами систематизации) [32]:
▪ Кариотип - 46,XY, ген Sry+.

- Слева овотестис, справа дисгенетичное яичко.
- Персистирующие мюллеровы протоки (маточные рудименты, маточные трубы).
- Наружные половые органы – II степень вирилизации по Prader. Гипергонадотропный гипогонадизм.

Тактика лечения:

➢ Лапароскопия, двусторонняя гонадэктомия.
➢ Феминизирующая пластика наружных половых органов.
➢ Кольпопоэз из тазовой брюшины.
➢ Гормоно-заместительная терапия эстроген-гестагенными препаратами.

У 2 больных в возрасте 15 лет, с кариотипом 46,ХХ - выявлено овотестикулярное нарушение формирования пола.

Наружные половые органы развиты по женскому типу: клитор нормальных размеров, малые и большие половые губы не увеличены. Вход во влагалище слепо замкнут. В полости малого таза гонады представлены овотестис. При двусторонней гонадэктомии: слева - ткань гонады - со структурными элементами дисгенетичного яичка и овариальной стромой; слева соединительнотканный тяж с ангиоматозными сосудами и элементами трубы. Заключение: слева- овотестис, справа - стрек.

Произведен кольпопоэз из тазовой брюшины в возрасте 18 лет.

Редкий случай выявлен у пациентки А., 1 года жизни, кариотип 46,ХХ/46,ХY, обнаружено овотестикулярное нарушение формирования пола.

Наружные половые органы имели бисексуальное строение (рис. 4.1.2): гипертрофия клитора, вход во влагалище сужен (вирилизация по Prader I степень).

Лапароскопически (рис. 4.1.3): гонады представлены овотестис с обеих сторон. Слева в овотестис преобладает овариальная ткань, имеется маточная труба. Справа – преобладает тестикулярная ткань, отходит семявыносящий проток. В области слияния маточной трубы с круглой связкой слева и семявыносящего протока с круглой связкой справа имеются валикообразные утолщения диаметром 4х5 мм, производные мюллеровых протоков.

Произведена двусторонняя аднексэктомия.

Гистологически (рис. 4.1.4):

Левые придатки - ткань маточной трубы и широкой связки матки, среди которой содержится склерозированный яичник с ангиоматозом стромы, единичными примордиальными фолликулами и узловое железистое образование, представленное множественными трубчатыми протоками с выстилкой из гиперхромного кубического эпителия, напоминающего сперматогенный - редуцированная ткань яичка. Овотестис.

Правые придатки - ткань маточной трубы и широкой связки матки, среди которой содержится склерозированный яичник с ангиоматозом стромы, единичными примордиальными фолликулами и узловатое железистое образование, представленное некротизированной тканью с трубчатыми протоками с выстилкой из гиперхромного кубического эпителия, напоминающего сперматогенный (редуцированная ткань яичка с некрозом). Заключение - Овотестис. (согласно прежней терминологии - истинный гермафродитизм.

Выполнен первый этап феминизирующей пластики – удаление кавернозных тел клитора, с оставлением сосудисто-нервного пучка. При достижении 15-17 летнего возраста планируется создание неовлагалища - кольпопоэз из тазовой брюшины и формирование преддверия влагалища путем М-образной пластики.

Рис 4.1.2. Наружные половые органы бисексуального строения: гипертрофированный клитор, вход во влагалище сужен – персистирующий урогенитальный синус.

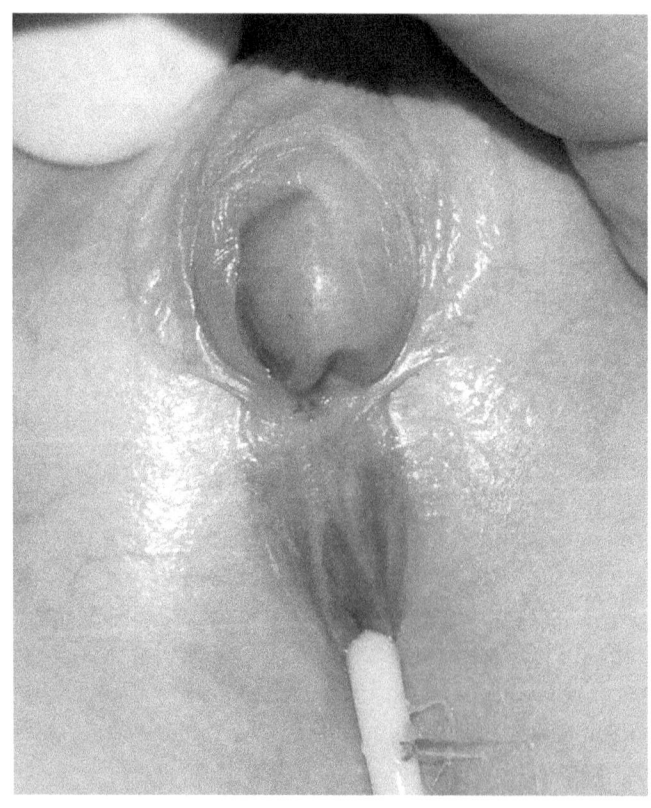

Рис. 4.1.3- а, б. Пациентка А., 1 год жизни.

Диагноз: овотестикулярное нарушение формирования пола. Кариотип 46,ХХ/46,ХУ.

При лапароскопии обнаружены овотестис с обеих сторон.

Рис. 4.1.3-а. В левой гонаде Овотестис, преобладает овариальная ткань желтоватого цвета (черная стрелка), тестикулярная ткань серо-белесоватого цвета (белая звездочка).

Маточная труба отмечена белой широкой стрелкой.

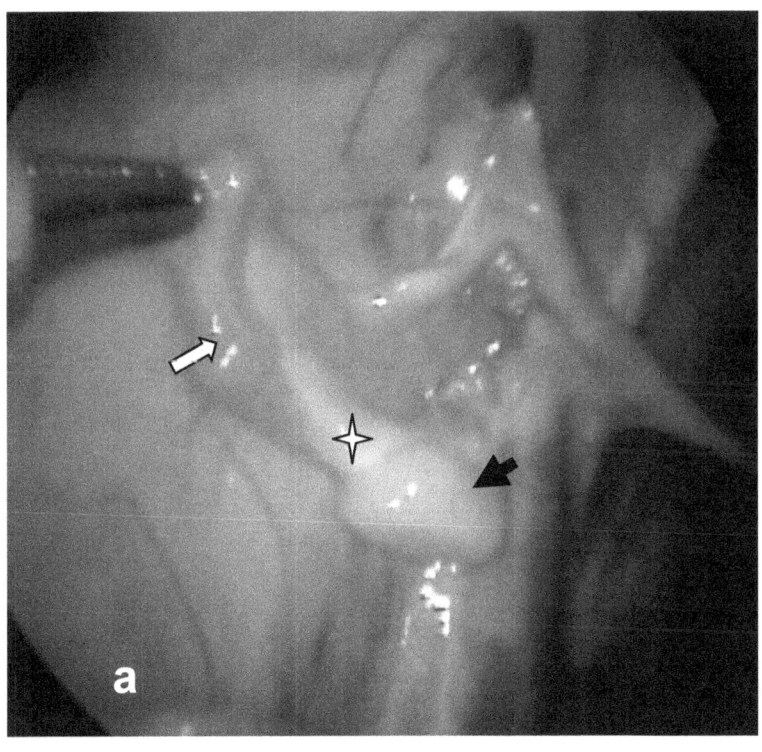

Рис. 4.1.3-б. В правой гонаде Овотестис.

Преобладает тестикулярная ткань серо-белесоватого цвета (белая звездочка).

Овариальная ткань отмечена черной стрелкой.

Имеется семявыносящий проток – отмечен белой стрелкой.

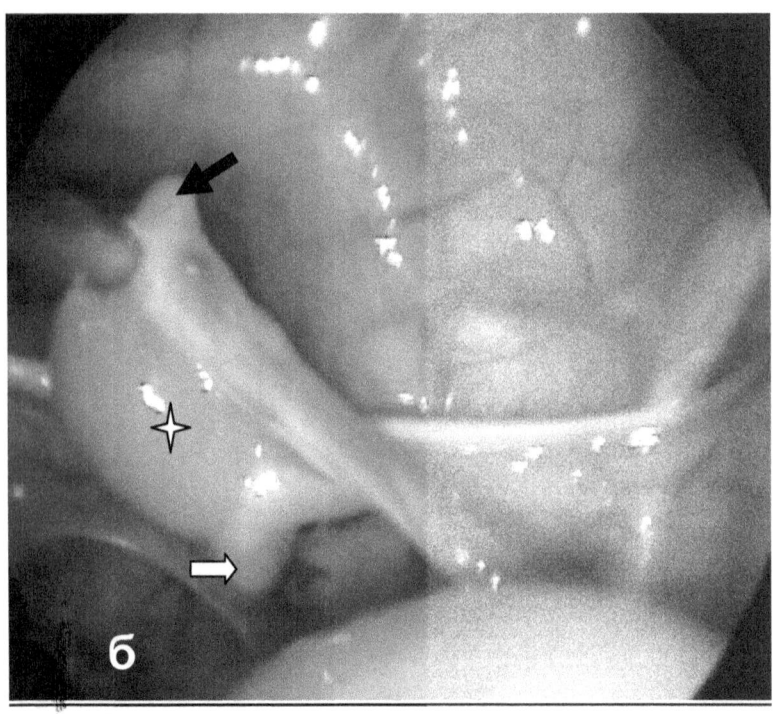

Рис. 4.1.4. Гистологически - Овотестис.
В гонаде овариальный компонент (черная стрелка) вокруг тестикулярной паренхимы (белая стрелка).

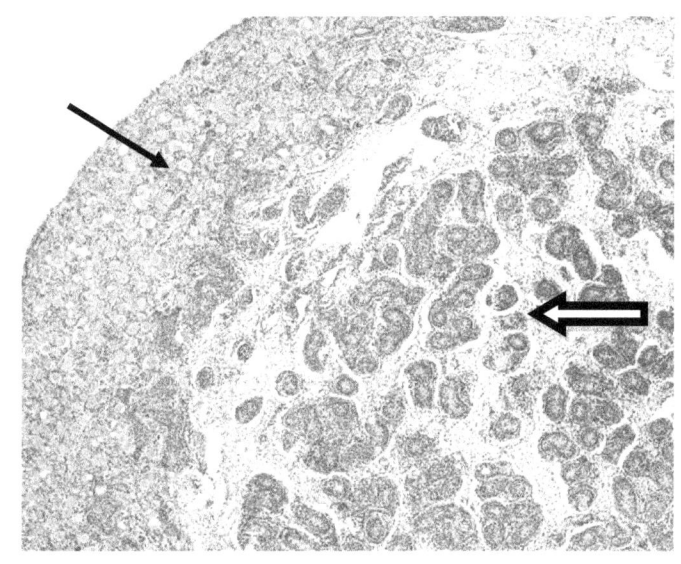

Резюме

При овотестикулярном нарушении формировании пола целесообразно удаление гонад, с последующей гормоно-заместительной терапией. При бисексуальном строении, показана феминизирующая пластика наружных половых органов. Удаление гонад и резекцию кавернозных тел клитора желательно производить до 3-5 лет. Создание неовлагалища возможно производить в 15-18 лет, вместе с интроитопластикой.

Синдром персистенции Мюллеровых протоков

Определение понятия. Синдром персистенции Мюллеровых протоков – это редкая патология нарушения формирования пола, при которой у пациентов генетически и фенотипически мужского пола имеются производные Мюллеровых протоков: матка, фаллопиевы трубы, влагалище.

Персистенция Мюллеровых протоков [29, 62, 143, 149] - это форма нарушения формирования пола, при которой присутствуют Мюллеровы структуры (маточные трубы, матка, верхняя часть влагалища) у пациентов генетически и фенотипически мужского пола. Различаются три группы пациентов:

Билатеральный абдоминальный крипторхизм (60-70% случаев), с семявыносящим протоками, маточными трубами и гипопластичной маткой; унилатеральный крипторхизм (20-30% случаев), при котором имеется контрлатерально яичко в паховой области или в мошонке, также имеется матка и маточные труба; эктопия тестикул (10% случаев), при которых тестикулы расположены в грыжевых мешках, наподобие мошонки, при этом имеются маточные трубы и матка [143].

При рассмотрении синдрома персистенции Мюллеровых протоков необходимо уточнить, этот термин используется, когда производные (дериваты) Мюллеровых протоков присутствуют у пациентов с различными нарушениями формирования пола, отнесенных к мужскому полу, при наличии одного или сочетания нескольких факторов:

- кариотипа 46,XY
- мужских половых гонад
- различной степени вирилизации наружных половых органов.

При анализе литературных данных (около 150 сообщений) о персистенции Мюллеровых протоков у пациентов, отнесенных к мужскому полу [76, 143, 148, 149] и 46 случаев собственных наблюдений [8, 32]. Персистенция Мюллеровых протоков наблюдалась при следующих нарушениях формирования пола, табл. 4.2.1:

Табл. 4.2.1

Вариант нарушения формирования пола	Кариотип
дисгенезия гонад	45,X/46,XY
дисгенезии гонад (тестикул)	46,XY
синдром тестикулярной феминизации	46,XY
овотестикулярное нарушение формирования пола	46,XY
овотестикулярное нарушение формирование пола	46XdelY(q-)
овотестикулярное нарушение формирование пола	46,XX/46,XY

У пациентов с кариотипом 46,XY, и различной степенью вирилизации (бисексуальным строением) наружных половых органов, наблюдалась персистенция Мюллеровых структур: маточные трубы, матка,

96

маточные рудименты (рис. 3.2.2, рис. 4.1.1, рис. 4.1.3).

Различались три группы пациентов:

У больных с овотестикулярным НФП наличие овотестис сочеталось: с маточными трубами и контрлатерально семявыносящими протоками, или с обеих сторон имеются маточные трубы.

У больных с синдромом тестикулярной феминизации при наличии тестикул наблюдались маточные трубы и гипопластичные производные мюллеровых протоков (маточные рудименты).

У больных с 46,XY дисгенезии гонад при наличии дисгенетичных яичек (тестикул): с одной стороны имелась маточная труба, с другой – семявыносящий проток.

Особенностью персистенции производных мюллеровых протоков: маточных труб и маточных рудиментов (гипопластичной матки), явилось во всех случаях наличие или маточной трубы или семявыносящего протока. Ни в одном указанном случае не наблюдалось с одной и той же стороны наличие одновременно семявыносящего протока и маточной трубы.

<u>Необходимо отметить:</u>

> Ни в одном случае производные Мюллеровых протоков не наблюдались у мужчин с нормальной анатомией половых органов! Невозможно предположить, чтоб у индивида одновременно присутствовали и мужские и женские половые органы, например, - и предстательная железа (простата) и матка. Гонады также могут быть

дифференцированы различно (тестикулы, яичники или овотестис), но их всего две.

➤ У пациентов с кариотипом 46,XY нарушениями формирования пола возможно наличие мужской гонады (тестикул) и маточных труб с одной стороны; и аналогичной гонады (тестикул) с семявыносящим протоком - с другой.

➤ Но ни в одном случае мы не наблюдали, чтоб одновременно (на одной стороне) присутствовали: маточная труба + семявыносящий проток!

Эти противоречия необходимо учитывать при формулировке диагноза персистенции Мюллеровых протоков. Целесообразно (более корректно) указывать «персистенция Мюллеровых протоков у пациентов с 46,XY нарушением формирования пола (указывать конкретно каким именно)», а не «...наличие производных Мюллеровых протоков .. у лиц мужского пола».

По-видимому, указанные противоречия возникли из-за несовершенства существующей теории эмбрионального морфогенеза половой системы, предложенной в 1830 году.

Проведен сравнительный анализ труднообъяснимых клинических вариантов аномалий половых органов, с позиции теории эмбрионального развития, и предложена новая гипотеза, см. монографию «Эмбриональное развитие матки и влагалища», Lambert Academic Publishing, 2012, ISBN - 978-3-659-25329-4 [178].

5. 46,XX – нарушения формирования пола

Врожденная гиперплазия коры надпочечников

Определение понятия. Врождённая гиперплазия коры надпочечников (ВГКН) — группа заболеваний, наследуемых по аутосомно-рецессивному пути, при которых нарушается выработка кортизола надпочечниками. Гены, связанные с гиперплазией надпочечников, кодируют ферменты, участвующие в стероидогенезе — цепочке реакций по преобразованию холестерина в стероиды [11, 13, 21, 112, 133, 149].

Врожденная гиперплазия коры надпочечников является следствием нарушения активности ферментов, осуществляющих биосинтез стероидов. Эти ферменты контролируют гормоны не только в надпочечниках, но и в половых железах, поэтому при данной патологии имеется также нарушение секреции половых гормонов [120, 133, 122-125].

Сниженное образования кортизола приводит к повышению секреции АКТГ с последующим развитием гиперплазии коркового слоя коры надпочечников. Для синдрома врожденной гиперплазии коры надпочечников характерна триада: низкий уровень кортизола и высокое содержание АКТГ в крови, двусторонняя гиперплазия надпочечников. Типичным для этой патологии является интактность ренин-ангиотензин-альдостероновой системы.

Проявления гиперплазии варьируют в зависимости от затронутого гена — от изменений, несовместимых с жизнью при нарушении синтеза холестеролдесмолазы до малозаметных проявлений при некоторых мутациях 21-гидроксилазы.

Гены, мутации которых наиболее часто вызывают разные формы врождённой гиперплазии надпочечников:

CYP21A2 — 21-гидроксилаза

CYP11B1 — 11-бета-гидроксилаза

CYP17A1 — 17-альфа-гидроксилаза

StAR — стероидогенный острый регуляторный белок, предположительно обеспечивает транспорт холестерина в митохондрии

Различают сольтеряющую, гипертензивную и вирильную формы врожденной гиперплазии коры надпочечников (ВГКН). При сольтеряющей и гипертензивной форме ВГКН, гормональная терапия глюкокортикоидами жизненно необходима, и назначается эндокринологом с рождения.

Клиническая картина. Вирильная форма синдрома обусловлена повышенной секрецией андрогенов, и у плода женского пола избыток приводит к маскулинизации наружных половых органов (увеличение клитора, изменение половых губ вплоть до закрытия входа во влагалище). Наружные гениталии в этих случаях приобретают вид мужских половых органов: мошонка без яичек и гипоспадия. Внутренние половые органы остаются женскими: яичники, матка с придатками. У плодов мужского пола недостаточность 21-гидроксилазы приводит к небольшим изменениям: незначительное увеличение наружных половых органов, полового члена и пигментация мошонки.

Сольтеряющая форма синдрома. Более глубокое нарушение, при котором имеется низкая секреция кортизола и альдостерона, несмотря на избыточное образование АКТГ. Таким образом, если при вирильной форме влияние на потерю натрия организмом избыточно образующихся предшественников кортизола (прогестерона и 17- гидроксипрогестерона) компенсируется секрецией альдостерона, то при сольтеряющей форме вследствие более глубокого нарушения дефекта 21-гидроксилазы снижено образование альдостерона и результатом такого комбинированного действия является развитие клинической картины, протекающей по типу острой недостаточности надпочечников. Уровень ренина в сыворотке крови повышен; отмечается гипертрофия юкстагломерулярного аппарата почки. Повышается содержание и ангиотензина в крови, который также способствует потере натрия через почки. Наряду с этим более резко выражены симптомы вирилизации, особенно у плодов женского пола (полное заращение половой щели и появление мошоночноподобного образования).

У новорожденных обоих полов при недостаточности 3b-гидроксистероидной дегидрогеназы выявляется клиническая картина сольтеряющего синдрома различной степени тяжести. У новорожденных мужского пола эти нарушения сочетаются с интерсексуальными состояниями, тогда как у новорожденных женского пола имеется нормальная дифференцировка наружных половых органов и умеренная вирилизация вследствие того, что дегидроэпиандростерон оказывает слабое андрогенное действие. Если при тяжелой степени сольтеряющего синдрома болезнь не диагностируется в первые дни, то прогноз заболевания может оказаться серьезным. Предположить правильный диагноз у мальчиков позволяет неопределенность наружных половых органов и гипоспадия. Однако при неполной недостаточности фермента, даже при наличии нарушений развития наружных половых органов у мальчиков, правильный диагноз в некоторых случаях устанавливается только в пубертатном периоде. Дифференцировка наружных половых органов у девочек в норме или может иметь место только умеренная клиторомегалия. Поэтому часто диагноз устанавливается только при наступлении адренархе.

Лечение проводится кортизолом или преднизолоном, прием которых приводит к снижению секреции АКТГ и нормализации секреции кортикостероидов. Чаще всего проводится терапия дексаметазоном по 0,25 или 0,5 мг на ночь. Клинический эффект оценивается через 3-4 месяца лечения. В некоторых случаях требуется назначение минералокортикоидов (фторгидрокортизона). При значительном гирсутизме дополнительно рекомендуется спиронолактон или комбинация эстрогенов с прогестероном в низких дозах. У некоторых женщин с вирилизмом и маскулинизацией положительный эффект получен от использования нестероидного антиандрогена – флютамида. У женщин при неклассической форме синдрома с наличием поликистозных яичников нормализация активности 3b-гидроксистероидной дегидрогеназы наблюдалась через 3 месяца лечения агонистами гонадолиберина.

Заместительная терапия глюкокортикоидами приводит к снижению секреции АКТГ, уменьшению образования кортикостерона и дезоксикортикостерона и нормализации артериального давления. В

102

препубертатный период показано назначение половых гормонов.

Особенности гормональной терапии подробно описаны в руководствах по эндокринологии, на этих вопросах мы подробно останавливаться не будем. Необходимо только отметить, что хирургическое лечение пациенток с ВГКН необходимо проводить под контролем эндокринолога, который также определяет дозировку препаратов до-, во время и после наркоза.

У больных с врожденной гиперплазией коры надпочечников, в основном, наблюдается нормальное строение внутренних половых органов по женскому типу, но наблюдается вирилизация наружных половых органов. Однако у 8.3% больных с вирильной формой врожденной гиперплазии коры надпочечников нами выявлены различные аномалии матки и влагалища (табл. 4.1.3.).

Для верификации диагноза им произведена лапароскопия, а также биопсия яичников.

Биоптат яичников: фрагмент коркового слоя яичника с большим количеством примордиальных фолликулов, большая часть из которых с дегенеративными изменениями - атрофия фолликулярного эпителия, кариорексис ооцитов. Заключение: дегенеративные изменения ткани яичника.

Методы феминизирующей пластики при вирилизации наружных половых органов

Вирилизация наружных половых органов различной степени наблюдается при:
- ✓ врожденной гиперплазии коры надпочечников больных (кариотип 46,XX)
- ✓ 46,XY дисгенезия гонад (кариотип 46,XY)
- ✓ синдроме тестикулярной феминизации (кариотип 46,XY)
- ✓ овотестикулярном нарушении формирования пола (кариотипы различные - 46,XY; 46,XX; 46XdelY(q-), 46,XX/46,XY и др.)

По современным представлениям, наружные половые органы развиваются по индифферентному или женскому типу при отсутствии вирилизации независимо от генетического пола. Согласно представлениям, A. Jost [117, 118] – под воздействием андрогенов половые органы развиваются по мужскому типу; при отсутствии вирилизации – по женскому типу (независимо от пола плода), т.е. остаются на индифферентной стадии. При вирилизации возможно смешанное (двуполое) или по мужскому типу строение наружных органов даже у плода женского пола с нормальным кариотипом.

Хирургическое лечение вирилизации наружных половых органов (при ВГКН, 46,XY дисгенезии гонад, синдроме тестикулярной феминизации и овотестикулярном нарушении формирования пола) заключается в феминизирующей пластике наружных половых органов, которая зависит от степени вирилизации наружных половых органов [31, 33, 41, 44, 55, 56, 64, 65, 77-80, 176].

Для определения степени вирилизации нами использована классификация Von Prader A. [150] (Der genitalbefund beim pseudohermaproditus feminus des kongenitalen adrenogenitalen syndromes. *Helv Pediatr Acta* 1954; 9: 231–48), табл. 5.2.1.

При I степени вирилизации по Prader, когда наблюдается незначительная гипертрофия клитора и нормальный вход во влагалище, возможно не производить феминизирующую пластику. А в остальных случаях необходимо производить резекцию (удаление) кавернозных тел клитора, с оставлением сосудисто-нервного пучка головки клитора.

При II степени вирилизации по Prader, когда наблюдается гипертрофия клитора, и сужение входа во влагалище за счет сращения малых половых губ; также возможно производить только рассечение малых половых губ для формирования входа во влагалище.

Хирургическую коррекцию наружных половых органов, необходимо производить при выраженной вирилизации – III –IV степени по Prader.

Табл. 5.2.1. Степень вирилизации наружных половых органов

Степень вирилизации по Prader	Гипертрофия клитора	Вход во влагалище	Объем операции
I степень	гипертрофия клитора	нормальный вход во влагалище	резекция кавернозных тел
II степень	гипертрофия клитора различно выраженное	частичное сращение малых половых губ	резекция кавернозных тел, рассечение малых половых губ
III степень	клитор гипертрофирован и сформирована его головка	персистирующий урогенитальный синус, единое отверстие у основания клитора	удаление кавернозных тел, интроитопластика
IV степень	гипертрофированный клитор напоминает нормальный половой член	урогенитальный синус открывается на стволе или головке полового члена	удаление кавернозных тел, интроитопластика
V степень	мужской тип строения – «женский фаллос»	имеется пинеальная уретра	удаление кавернозных тел, интроитопластика

В нашей стране и за рубежом чаще всего используется двухэтапная коррекция наружных гениталий в связи с высоким процентом (36–65%) стенозирования интроитуса при одноэтапном выполнении феминизирующей пластики. Согласно принятым положениям по ведению больных с ВГКН первый этап феминизирующей пластики выполнятся по достижении компенсации основного заболевания (желательно до трехлетнего возраста), который включает в себя резекцию гипертрофированного клитора и рассечение урогенитального синуса. Вторым этапом формируют преддверие входа во влагалище (интроитопластика), производимое в пубертатном периоде.

При I степени вирилизации по Prader, когда наблюдалась гипертрофия клитора и нормальный вход во влагалище, производится резекция (удаление) кавернозных тел клитора, с оставлением сосудисто-нервного пучка головки клитора.

При II степени вирилизации по Prader (рис. 5.2.1), когда наблюдалась гипертрофия клитора, и сужение входа во влагалище за счет сращения малых половых губ; производится резекция (удаление) кавернозных тел клитора, с оставлением сосудисто-нервного пучка головки клитора, а также рассечение малых половых губ для формирования входа во влагалище.

При III степени вирилизации по Prader (рис. 5.2.2): Клитор гипертрофирован и сформирована его головка. Наблюдается персистирующий урогенитальный синус, открывающийся единым отверстием у основания клитора.

При IV степени вирилизации по Prader (рис. 5.2.3): гипертрофированный клитор напоминает нормальный половой член. Урогенитальный синус открывается на стволе или головке полового члена.

V степень вирилизации по Prader (рис. 5.2.6), «женский фаллос». Определяется гипертрофия клитора, полное сращение малых половых губ, с формированием «урогенитального синуса». Наружное отверстие урогенитального синуса открывается на головке клитора; в области промежности открывается вход во влагалище. Задний проход смещен вперед, сухожильный центр промежности и половые губы развиты не полностью. Клиторальная уретра очень тонкая и отделяемое из уретры, проходит полностью через общий урогенитальный канал.

Персистирующий урогенитальный синус характеризуется наличием одного необычного вульварного отверстия, которое не напоминает ни отверстие мочеиспускательного канала, ни нормальный вход во влагалище. Наружное отверстие урогенитального синуса более или менее точно напоминает гипоспадическую уретру у мужчин. Отверстие расположено в промежности, иногда более дистально.

При урогенитальном синусе задний проход смещен вперед. Урогенитальный синус могут в некоторых случаях осложнился в неонатальном периоде гидрокольпосом, и в этом случае задерживающаяся жидкость состояла полностью или большей частью из мочи. Хотя образующееся в результате этого растяжение влагалища не было значительным. При отсутствии лечения скапливающаяся во влагалище моча может инфицироваться с последующим развитием цистита, пиелонефрита.

У больных с вирилизацией наружных половых органов произведена феминизирующая пластика наружных половых органов (табл. 4.1.4).

При вирилизации II-IV степени производена удаление кавернозных тел клитора, с оставлением сосудисто-нервного пучка головки клитора, а также М-образная интроитопластика.

В нашей стране и за рубежом чаще всего используется двухэтапная коррекция наружных гениталий в связи с высоким процентом (36–65%) стенозирования интроитуса при одноэтапном выполнении феминизирующей пластики. Согласно принятым положениям по ведению больных с ВГКН первый этап феминизирующей пластики выполнятся по достижении компенсации основного заболевания (желательно до трехлетнего возраста), который включает в себя резекцию гипертрофированного клитора и рассечение урогенитального синуса. Вторым этапом формируют преддверие входа во влагалище (интроитопластика), производимое в пубертатном периоде [41, 64, 65, 93-95, 100, 101, 144-146, 152, 160, 161, 167-170].

Операция клиторэктомии

Окаймляющим разрезом вокруг венечной борозды головки клитора отделяется кожа стволовой части клитора. Уздечка клитора отсекается от головки в виде треугольного лоскута. Острым и тупым путём выделяют кавернозные тела гипертрофированного клитора до бифуркации. Кавернозные тела мобилизуют до лонных костей, затем прошивают, перевязывают и отсекают вместе с головкой.

После удаления кавернозных тел и головки, кожу клитора симметрично иссекают и сшивают с треугольным лоскутом уздечки клитора отдельными кетгутовыми швами.

В настоящее время операция клиторэктомии не применяется даже при вирилизации IV-V степени, поскольку разработаны более щадящие и эффективные методы клитороредукции.

Техника коррекции гипертрофированного клитора с сохранением головки на вентральной поверхности.

Данная методика используется при II-III степени вирилизации по Prader. Проводится окаймляющий разрез вокруг верхнего края венечной борозды головки гипертрофированного клитора, без рассечения вентральной поверхности. Отделяется кожа стволовой части клитора. Головка отсекается вместе с фрагментами кавернозных тел. В проксимальном направлении кавернозные тела освобождают от кожи клитора до бифуркации. На этом уровне последние прошивают и пересекают. Головка клитора фиксируется к культе резецированных кавернозных тел. Кожные края разреза ствола клитора симметрично сшивают с кожей головки.

Этапы операции феминизирующей пластики – редукционной клиторопластики с сохранением головки на дорсальном сосудисто-нервном пучке [64, 65].

Производится полулунный дорсальный и латеральный разрезы вокруг отступя 5-7 мм от венца головки, с распространением вентрально на каждую сторону уретральной пластинки и назад к каналу уретры, отодвигая кожу клитора. Уретральную пластинку отсекают от тела полового члена вентрально. После рассечения урогенитального синуса в мочевой пузырь устанавливали уретральный катетер Фоллея № 8-10.

Производя разрез по верхнему краю дорсальной поверхности головки гипертрофированного клитора, кавернозные тела мобилизуют до уровня их бифуркации у лонных костей. Затем производят рассечение фасции Back, с выделением дорсального сосудисто-нервного пучка. Острым и тупым путём отделяют кавернозные тела от головки клитора.

Мобилизованные кавернозные тела на уровне бифуркации ножек прошивают, лигируют и отсекают. Головку клитора на дорсальном сосудисто-нервном пучке подшивают с внутренней поверхности к культе резецированных кавернозных тел. В качестве шовного материала используют тонкий викрил 3/0, 4/0.

При выраженной вирилизации, больших размерах клитора, возможно уменьшить их массу клинообразным разрезом в дорсальном направлении. Крайнюю плоть рассекают вертикально посередине и образовавшиеся лоскуты сшивают вокруг венца головки дорсально и латерально, а затем вдоль полоски уретры по обе стороны от нее, придавая им форму «малых губ». Окончательный вид наружных половых органов после операции представлен на рис. 5.2.2, б, 5.2.5.

Интроитопластика М-образная - создание входа во влагалище

Учитывая сужение входа во влагалище при персистирующем урогенитальном синусе, вторым этапом выполняют создание преддверия влагалища. В области преддверия влагалища на уровне малых половых губ производят М-образный разрез и отсепаровывают кожный лоскут. Затем острым и тупым путем отсепаровывают и выделяют заднюю стенку влагалища, производя разрез слизистой на 5 и 7 ч по циферблату. Выкроенные кожные лоскуты укладывают к задней стенке влагалища и подшивают краями по типу «клин в паз», формируя вход во влагалище. В сформированное преддверие влагалище вводят марлевый тампон с вазелином на 2-3 суток.

Нами впервые произведено создание преддверия влагалища (интроитопластика) при персистирующем урогенитальном синусе выполнена по разработанному нами методу Y-образной интроитопластики [31].

Ход операции **Y-образной интроитопластики:** В области преддверия влагалища на уровне урогенитального синуса производили продольный разрез и отсепаровывали кожный лоскут. Затем острым и тупым путем отсепаровывали и выделяли внутреннюю стенку урогенитального синуса, производили боковые разрезы на 3 и 9 ч до гименального кольца, увеличивая диаметр преддверия влагалища. Выделенную стенку влагалища вытягивали к области преддверия и подшивали к краям кожи преддверия влагалища, формируя вход во влагалище.

Таким образом, сформированный вход во влагалище формировался за счет внутренней поверхности слизистой урогенитального синуса, вместо внедрения кожного лоскута в глубину преддверия влагалища (при М-образной интроитопластике), что обусловливает лучший косметический эффект, а также имеет преимущества в функциональном отношении.

При вирилизации V степень по Prader, когда гипертрофированный клитор имеет строение фаллоса, с отверстием на урогенитального синуса головке, после рассечения сращения по средней линии, вдоль пинеальной уретры, открывается вход во влагалище. Затем производят редукционную клиторопластику и интроитопластику с помощью М-образного кожного лоскута в области преддверия влагалища, аналогично, как при вирилизации III-IV степени (ход операции см. выше).

После операции феминизирующей пластики дети находились на постельном режиме в течение 3–5 дней. Давящую повязку вместе с уретральным катетером удаляли на вторые сутки. В послеоперационном периоде линия швов обрабатывалась растворами антисептиков. С целью профилактики воспаления мочевыводящих путей назначались уросептики. Косметический результат усовершенствованной техники коррекции гипертрофированного клитора хороший. Наружные половые органы соответствовали гениталиям женского пола: головка создавала впечатление нормального клитора, малые половые губы, сформированные из кожи ствола клитора, выглядели естественно, большие половые губы полностью смыкались и прикрывали вульву. Данная методика позволяет сохранить эрогенно-чувствительные ткани клитора. Оперативная коррекция наружных гениталий у девочек с вирильными гениталиями с сохранением сосудисто-нервного пучка позволяет оптимально адаптировать пациенток в обществе и является операцией выбора при хирургическом лечении данной патологии.

При персистирующем урогенитальном синусе и различных вариантах (II-III степени) вирилизации наружных половых органов, определяется гипоспадия уретры, так называемая женская гипоспадия. Женская гипоспадия эмбриологически или анатомически не соответствует с одноименной патологией у мужчин. Эктопическое отверстие уретры открывается во влагалище не над входом во влагалище (в норме), а непосредственно ниже входа во влагалище или на передней стенке, кнутри на расстоянии 0.5-1 см от преддверия. Особенностью гипоспадной женской уретры является возможность повреждения (ранения) при рассечении урогенитального синуса, в связи с низким, эктопическим расположением наружного отверстия уретры. Для профилактики ранения наружного отверстия гипоспадной уретры, производится вагино-цистоскопия и катетеризации мочевого пузыря катетером Фолле.

Рис. 5.2.1. Вирилизация наружных половых органов при овотестикулярном нарушении формирования пола. Степень вирилизации по Prader I-II ст.
Гипертрофированная головка клитора – белая стрелка.
Вход во влагалище сужен – черная стрелка.

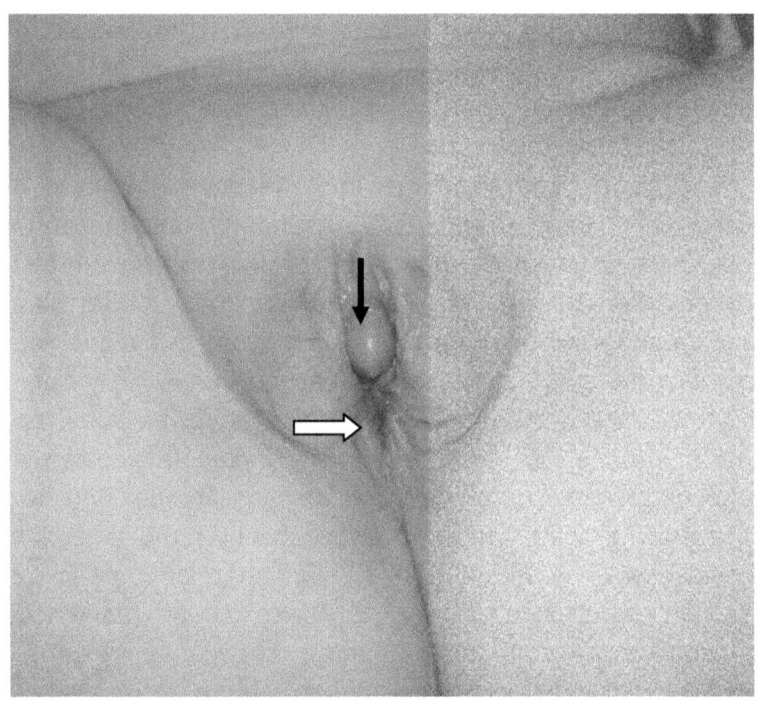

Рис. 5.2.2-а. Пациентка Н, 12 лет. Вирилизация наружных половых органов при врожденной гиперплазии коры надпочечников, вирильная форма. Степень вирилизации по Prader II-III ст.
Вход во влагалище – белая стрелка
Гипертрофированный клитор – черная стрелка

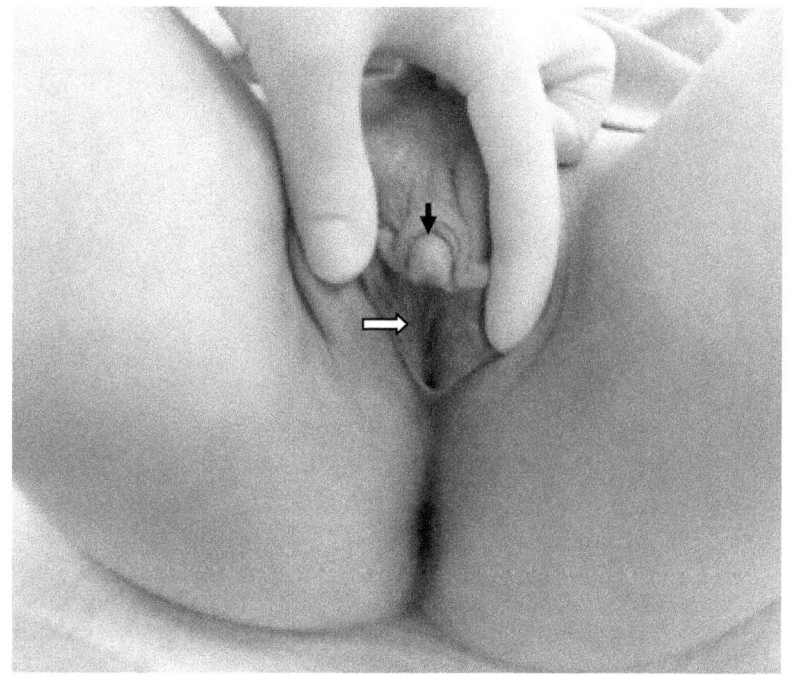

5.2.2-б – Пациентке Н., 12 лет произведена операция клитороредукции, за счет резекции кавернозных тел, с сохранением головки клитора и дорсального сосудисто-нервного пучка.

Гипертрофированный клитор – черная стрелка.
Окаймляющая линия швов по краю разреза – белая широкая стрелка.

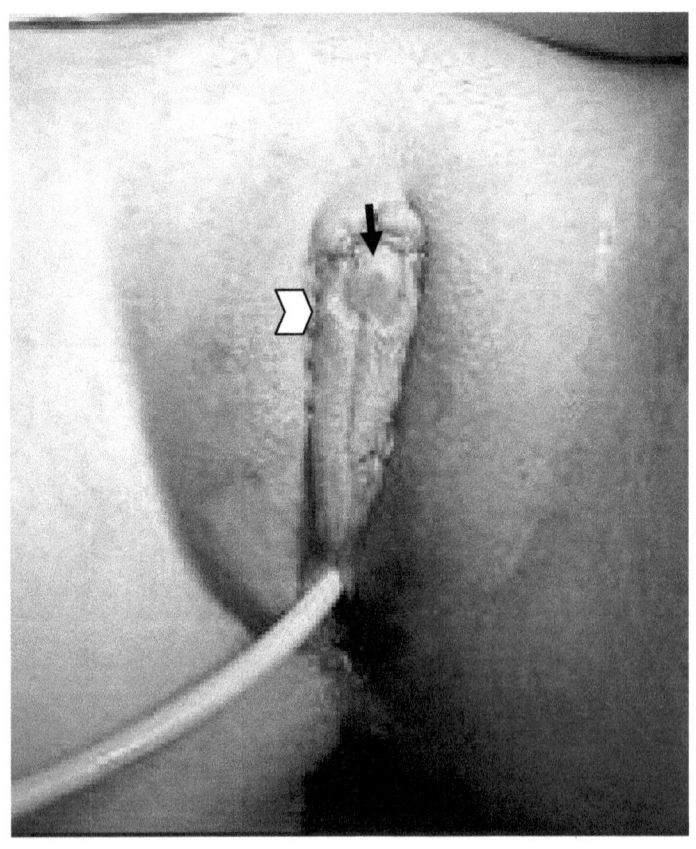

Рис 5.2.3. Пациентка К., 15 лет. Вирилизация наружных половых органов при 46,XY дисгенезии гонад, неполная форма. Степень вирилизации по Prader III-IV ст. Гипертрофия клитора – черная стрелка Персистирующий урогенитальный синус – белая стрелка.

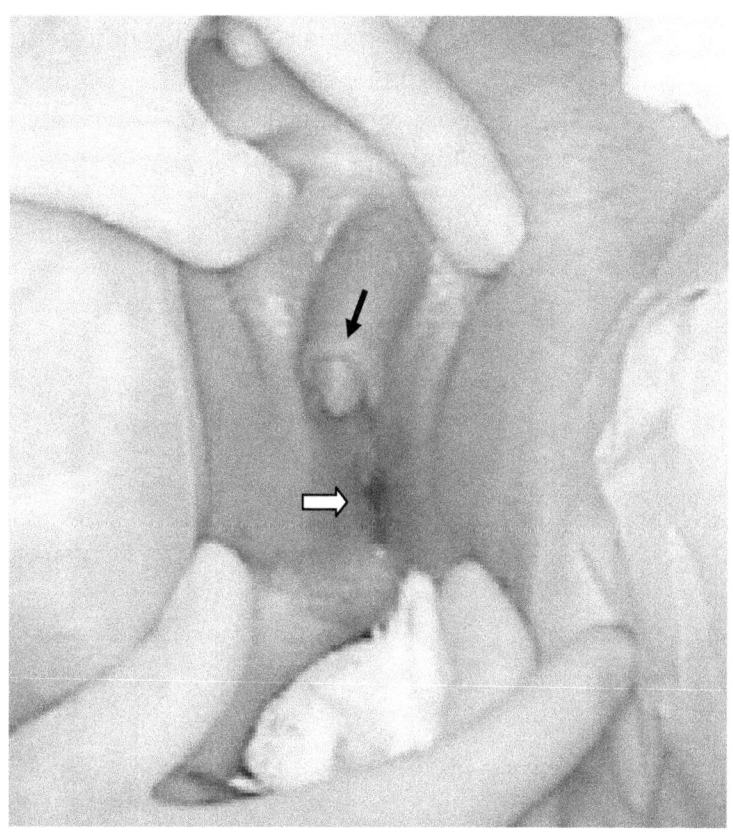

Рис. 5.2.4. Пациентка К., 15 лет.

Этап операции - резекция кавернозных тел клитора с сохранением дорсального и вентрального сосудисто-нервных пучков.

- Дорсальный сосудисто-нервный пучок – белая стрелка,
- вентральный сосудисто-нервный пучок – черная стрелка,
- кавернозные тела на зажиме – головка стрелки
- головка клитора – звездочка
- вход в урогенитальный синус – в уретру введен катетер Фолле

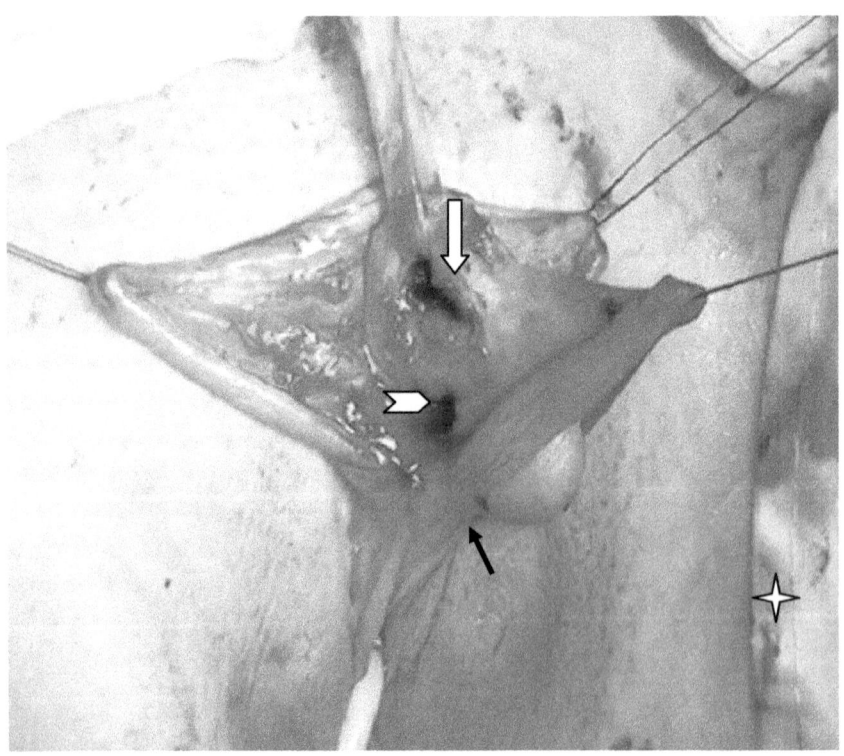

Рис 5.2.5. Пациентка К., 15 лет.
Наружные половые органы после первого этапа
феминизирующей пластики – резекции кавернозных тел
клитора с оставлением дорсального и вентрального
сосудисто-нервных пучков при вирилизации по Prader IV
степени (до операции см. 5.2.3).

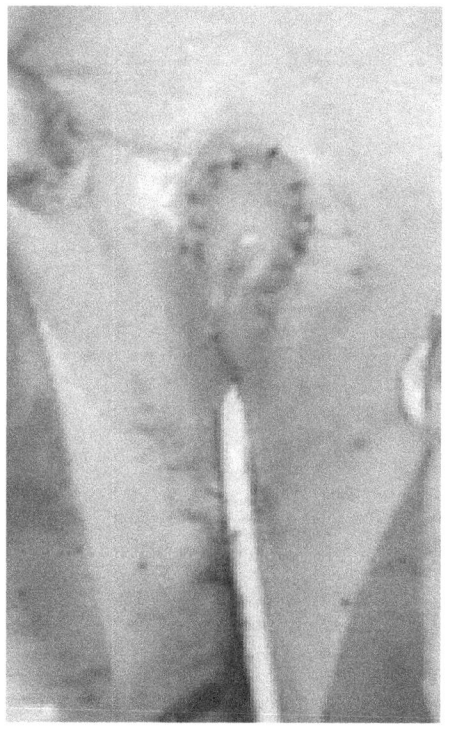

Рис. 5.2.6. . Пациентка К., 15 лет.
Наружные половые органы после резекции кавернозных тел клитора, с сохранением дорсального сосудисто-нервного пучка (через 2 недели после операции). Головка клитора – черная стрелка. Вход во влагалище – белая стрелка.

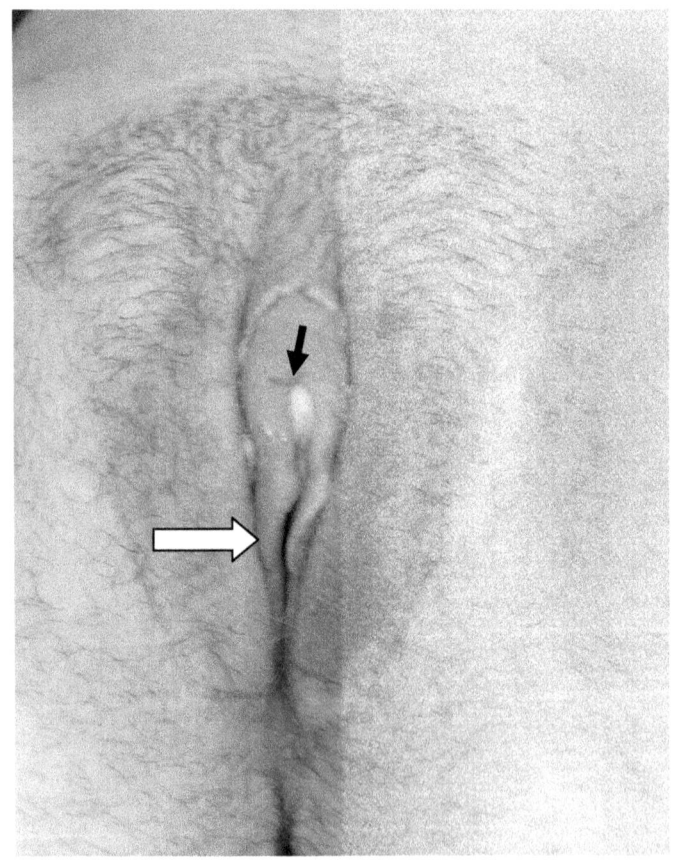

Рис 5.2.6. Вирилизация наружных половых органов при врожденной гиперплазии коры надпочечников, вирильная форма. Степень вирилизации по Prader V ст. Наружное отверстие уретры и вход во влагалище – белая стрелка
Уретрализация женского фаллоса: сращение малых половых губ с формированием уретрального канала и наружным отверстием в области головки клитора – черная стрелка

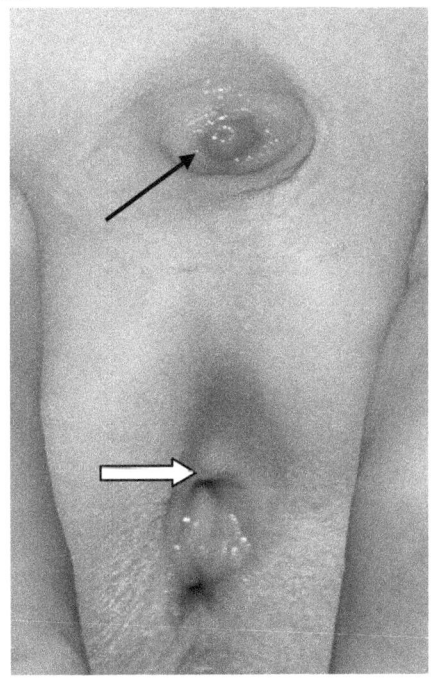

6. Систематизация аномалий развития пола

Мы детально проанализировали существующие на сегодняшний день классификации аномалий развития половых органов (см. литературный обзор).

В гинекологической практике отсутствует единая классификация аномалий половых органов, учитывающая нарушения формирования пола, дисгенезии гонад и аномалии наружных половых органов. По существующим в настоящее время классификациям не во всех случаях удается идентифицировать некоторые варианты аномалий половых органов или конкретизировать морфологические особенности. При формулировке диагноза остаются неизвестными анатомо-функциональные особенности некоторых сложных, нетипичных пороков развития половых органов, соответственно остается неопределенным алгоритм обследования и тактика ведения больных, в том числе план оперативного лечения и реабилитации.

При анализе клинико-морфологических вариантов пороков развития половых органов, оказалось, что при аномалиях гонад возможны различные варианты анатомии внутренних и наружных половых органов.

Сочетания дисгенезии гонад с различными вариантами аномалий внутренних половых органов и вирилизации наружных гениталий указывают о необходимости комплексного клинического обследования, с использованием современных методов визуализации (УЗИ, МРТ, лапароскопии, гистероскопии и т.д.), цитогенетической и молекулярно-генетической диагностики.

Обоснование тактики оперативного лечения зависит от анатомо-морфологической формы порока развития половых органов, жалоб пациента, клинических проявлений, характера нарушений репродуктивной функции.

Предложенная Систематизация включает данные о: кариотипе, анатомо-морфологическом строении внутренних и наружных половых органов, характера нарушений фертильности и позволяет произвести идентификацию аномалий развития пола в гинекологической практике.

При анализе анатомических вариантов строения наружных половых органов, нами выделены следующие типы строения наружных половых органов:

> Женский тип: малые и большие половые губы вокруг преддверия влагалища, имеется клитор (без вирилизации). Может наблюдаться не только при нормальном женском кариотипе (46,XX), но и при кариотипе 46,XY (полная форма 46,XY дисгенезии тестикул и синдроме тестикулярной феминизации).

> С различной степенью вирилизации: от легкой степени гипертрофии клитора (I степень вирилизации по Prader), до персистирующего урогенитального синуса и пинеальной уретры (V степень вирилизации).

Строение внутренних половых органов и гонад, кариотип - могут быть вариабельными, независимо от формы наружных половых органов (собственно, как и указывал A. Jost на основе экспериментальных данных).

Для формулировки диагноза при различных нарушениях формирования пола и дисгенезии гонад, мы использовали терминологию, предложенную Европейским консенсусом (см. обзор литературы). Однако диагноз нарушения формирования пола, согласно Европейскому консенсусу, указывая кариотип и морфотип аномалий гонадного пола, не отражает анатомическую форму внутренних и наружных половых органов (могут быть вариабельными) – см. главы 2 - 5.

При указании нозологической формы (варианта нарушения формирования пола), необходимо указывать особенности морфотипа в каждом конкретном случае.

Полный диагноз влючает:

✓ кариотип,
✓ морфологию гонад,
✓ анатомию внутренних половых органов – матки и влагалища, степень вирилизации наружных половых органов.

В предложенной Систематизации (табл. 6.1) выделены нозологические формы интерсексуальных состояний, согласно принятой Европейским консенсусом терминологии. В остальных графах указаны данные кариотипа и анатомо-морфологические варианты гонад, внутренних и наружных гениталий.

Данная Систематизация облегчает дифференциальный диагноз при получении информации в результате обследования указанных данных. При идентификации варианта нарушения формирования вола, формулировка диагноза позволяет точно указывать форму порока развития половой системы, и, соответственно, обоснованно выбирать тактику хирургической коррекции.

При эффективной реконструкции половых органов (феминизирующей пластики), пациенты способны выполнять нормальные сексуальные и, в некоторых случаях - репродуктивные функции, с использованием методов вспомогательной репродукции.

Таблица 6.1 Систематизация и тактика оперативного лечения аномалий развития пола в гинекологии

Форма аномалии	Кариотип	Гонады	ВПО	НПО	Операция
ВГКН	46,XX	яичники	матка и влагалище	вирилизация	феминизирующая пластика
синдром Тернера	45,X	Streak	мюллеровы протоки	женский тип	LS, биопсия гонад, кольпопоэз
синдром Тернера	45,X/46,XX	дисгенезия яичников	матка и влагалище	женский тип	LS, биопсия гонад, возможно зачатие и роды
синдром Тернера	45,X/46,XY	дисгенезия тестикул	мюллеровы протоки	вирилизация	LS, удаление гонад, кольпопоэз
СТФ, полная форма	46,XY	тестикулы	мюллеровы протоки	женский тип	LS, удаление гонад, кольпопоэз
СТФ, неполная форма	46,XY	тестикулы	мюллеровы протоки	вирилизация	LS, удаление гонад, кольпопоэз
овотестикулярное НФП	46,XY и др.	овотестис	мюллеровы протоки	вирилизация	LS, удаление гонад, кольпопоэз
46,XY дисгенезия гонад, полная форма	46,XY	дисгенезия тестикул	матка и влагалище	женский тип	LS, удаление гонад
46,XY дисгенезия гонад, неполная форма	46,XY	дисгенезия тестикул	мюллеровы протоки	вирилизация	LS, удаление гонад, феминизирующая пластика

Заключение

Рождение ребенка неопределенного пола — психологическая травма для его родителей, и, следовательно, в данном случае необходимо срочное вмешательство, дальнейшее благополучие ребенка во многом зависит от того, насколько правильно определен его пол, а этот процесс может длиться несколько дней, и требует участия детских эндокринологов, генетиков, хирургов-урологов и рентгенологов.

Критерии предполагающие возможное нарушение формирование пола, установленные Европейским консенсусом (2006) [91]:

- бисексуальное строение наружных половых органов (в том числе, экстрофия мочевого пузыря и экстрофия клоаки),
- женский тип строения наружных половых органов, с увеличенным клитором
- мужской тип строения наружных половых органов, с неопущенными яичками, микропенисом, изолированной промежностной гипоспадией
- увеличение (припухлость) в паховой или лабиальной области
- семейный анамнез – родственники, с наличием нарушения формирования пола или аномалий развития половых органов
- несоответствие между кариотипом и строением половых органов

Признаки нарушения формирования пола в большинстве случаях выявляются при осмотре новорожденных.

Интерсексуальное состояние, выявленное в неонатальном периоде или вскоре после его окончания, ставит необходимость генетического и клинико-лабораторного обследования и решения вопроса о половой принадлежности ребенка, и, соответственно тактики дальнейшего ведения - хирургической коррекции и гормональной терапии. Гипертрофия клитора у новорожденной может свидетельствовать о интерсексуальном состоянии или ферментативной недостаточности. У детей, генетически отнесенных к женскому полу, это может свидетельствовать о частичной недостаточности 3-гидрокси-стероиддегидрогеназы; у детей, генетически отнесенных к мужскому полу недостаточность 17-гидроксистероиддегидрогеназы и 5-α-редуктазы.

Поздние признаки нарушений формирования пола, выявляемые в пубертатном и репродуктивном периодах:
- прежде не диагностированное двуполое (бисексуальное) строение половых органов
- паховые грыжи у больных женского пола
- задержка или нарушения полового развития
- признаки вирилизация у девочек
- первичная аменорея
- вторичная аменорея
- рост молочных желез у мальчиков
- циклическая гематурия у мальчиков
- аплазии матки по УЗИ

- отсутствие входа во влагалище (сплошная девственная плева, hymen imperforatum)

При выявлении признаков нарушения формирования пола проводится генетическое и клинико-лабораторное обследование, принимают решение о половой принадлежности ребенка, и, соответственно тактики дальнейшего ведения - хирургической коррекции и гормональной терапии.

Проще всего принять решение в случае женского ложного гермафродитизма. Таких детей всегда следует воспитывать как девочек, независимо от степени вирилизации фаллоса, поскольку при правильной реконструкции они потенциально способны выполнять нормальные сексуальные и репродуктивные функции.

Во многих случаях вопрос решается сложнее, и многое зависит от величины фаллоса и его потенциальной способности к дальнейшему росту. Не следует принимать во внимание прежде всего гипоспадическую деформацию, поскольку ее почти всегда удается скорригировать хирургическим путем. В норме у новорожденных мальчиков размеры вытянутого пениса составляют 3,5×0,4 см, хотя при наличии вентрального искривления целесообразнее ориентироваться на диаметр, который в норме должен быть 1-1,5 см. Если длина или диаметр полового члена менее 1,5 и 0,7 см соответственно, удовлетворительно произвести пластическую операцию не представляется возможным. В этой ситуации рекомендуется считать, что ребенок женского пола. Если результаты измерений находятся в диапазоне от указанных цифр до 2 и 0,9, соответственно, удовлетворительная коррекция возможна и решение вопроса зависит от мнения хирурга, которому предстоит делать операцию. Следует отметить, что полноценный ответ на однократную инъекцию тестостерона (например, сустанон-100, 25 мг) заставляет предположить эффект стимуляции андрогеном в пубертатном периоде, в то время как отсутствие ответа говорит в пользу ориентации на женский пол. Прежде всего, это относится к случаям неполной нечувствительности к андрогенам. В тех редких случаях, когда имеет место хороший баланс признаков, решение может, в конечном счете, зависеть от наличия или отсутствия влагалища, что определяется по генитографии или при эндоскопии.

В 2006 году на международной конференции, посвященной интерсексуальным проблемам, организованной совместно Европейским и Американским обществами детских эндокринологов, были приняты основные положению по ведению и хирургической коррекции больных с нарушениями формирования пола [91, 148, 149].

У тех детей с 46,XУ дисгенезией гонад, 46,XY нарушением формирования пола, 46,XX тестикулярным нарушением формирования пола, синдромом тестикулярной феминизации или овотестикулярным нарушением формирования пола, которых предстоит отнести к женскому полу, следует как можно скорее, лучше в первые 3 месяца жизни, удалить тестикулярную ткань или рудиментарные гонады.

У детей, отнесенных к женскому полу производится феминизирующая пластика наружных половых органов. Хирургическую коррекцию наружных половых органов, согласно Европейского консенсуса, целесообразно производить при выраженной вирилизации – III–IV степени по Prader. Поскольку

133

эректильная и оргазмическая функция могут быть нарушены при удалении клитора, предпочтительно производить редукционную клиторопластику - резекцию кавернозных тел клитора, с оставлением сосудисто-нервного пучка и головки клитора (вместо удаления клитора). В большей степени эта позиция основана на функциональных особенностях, нежели на косметическом эффекте. При редукционной пластике клитора желательно производить, по возможности, интроитопластику (формирование входа во влагалище) при наличии персистирующего урогенитального синуса.

Второй этап феминизирующей пластики заключается в создании искусственного влагалища – кольпопоэза, который возможно производить различными методами и в различные возрастные периоды.

Создание неовлагалища у пациенток, отнесенных к женскому полу, производится, чаще всего, с помощью мобилизованного участка сигмовидной кишки (сигмоидальный кольпопоэз), низведенных листков брюшины из полости таза (брюшинный кольпопоэз).

Половая принадлежность и операции на гениталиях остаются спорным вопросом, когда речь идет об интерсексуальных пациентах. Хирургическое формирование наружных половых органов по женскому типу может значительно осложнить осознание гендерной принадлежности пациентов в последующем. Имеются сообщения о гендерной дисфории у пациентов, которым были сформированы внешние гениталии по женскому типу в младенчестве на основании исключительно анатомических данных. Такая гендерная дисфория может возникнуть

134

вследствие андрогенного воздействия на головной мозг еще в эмбриональном периоде. Тем не менее, судить об истинных причинах дисфории у интерсексуальных пациентов сложно.

Для таких пациентов существует два основных принципа:

1) ранняя генитальная реконструкция с соответствующим определением половой принадлежности

2) раннее определение пола пациента с отсроченной операцией.

Преимуществом генитальной реконструкции в грудном возрасте является не вполне доказанное психологическое преимущество проведения операции до осознания половой принадлежности. Существует также мнение, что в этом возрасте реабилитация после операции происходит быстрее. Преимуществом второго принципа является возможность пациента самому участвовать в принятии решения относительно хирургического вмешательства. Теоретически, это может минимизировать проблемы, если пациент в конечном итоге выберет противоположный пол [64, 65, 106-109].

Возможны разные варианты операции феминизирующей пластики: резекция гипертрофированного клитора с сохранением головки на вентральной поверхности. редукционной клиторопластики с сохранением головки на дорсальном сосудисто-нервном пучке, а также клиторэктомия. Первый этап феминизирующей пластики наружных половых органов - редукционную клиторопластику, производили резекцию кавернозных тел клитора, с оставлением сосудисто-нервного пучка и головки клитора (вместо удаления клитора). В большей степени эта позиция основана на функциональных особенностях, нежели на косметическом эффекте.

При редукционной пластике клитора, по возможности, производили интроитопластику (формирование входа во влагалище) при наличии персистирующего урогенитального синуса.

Второй этап феминизирующей пластики заключался в создании искусственного влагалища – кольпопоэза, который возможно производить различными методами и в различные возрастные периоды. Феминизирующая коррекция наружных половых органов объединяет методы резекции гипертрофированного клитора, пластики малых и больших половых губ, влагалищной интроитопластики при персистирующем урогенитальном синусе.

При втором этапе феминизирующей пластики у больных с нарушениями формирования пола, могут быть использованы методы создания неовлагалища, способы одномоментной полной феминизации (при 46,XY – нарушениях формирования пола), в том числе способы коррекции фенотипа при синдроме Шерешевского-Тернера и его вариантах.

Создание неовлагалища у пациенток с аплазией матки и влагалища, синдроме Шерешевского-Тернера, синдроме тестикулярной феминизации, 46,XY дисгенезии гонад возможно производить в возрасте 15-18 лет, путем операции - кольпопоэза из тазовой брюшины с лапароскопической ассистенцией, по методике разработанной в отделении оперативной гинекологии НЦ АГиП РАМН, академиком Л.В.Адамян [1, 59].

Для идентификации порока развития половых органов, необходимо формулировать диагноз, с указанием анатомо-морфологической формы порока развития половой системы, включая данные кариотипа и анатомию наружных половых органов (см. табл. 6.1). Отдельно указываются сочетанные аномалии развития мочевой, аноректальной системы.

Соответственно варианту аномалии половых органов определена тактика оперативного лечения, и реабилитации больных с пороками развития матки и влагалища, а также нарушений формирования пола, выявляемых в детском и юношеском возрасте.

Список литературы

1. Адамян Л.В., Кулаков В.И., Хашукоева А.З. Пороки развития гениталий. М: Медицина 1999; с. 328.

2. Адамян Л.В., Мурватов К.Д. Магнитно-резонансная томография в диагностике патологии матки и придатков.// В сб. Международный Конгресс по эндометриозу с курсом эндоскопии. М. 1996 с.190-191.

3. Адамян Л.В., Мурватов К.Д., Шахматова М.В. Современные аспекты хирургической коррекции пороков развития внутренних половых органов.// В сб. Актуальные вопросы физиологии и патологии репродуктивной функции женщины, под ред. Айламазяна Э.К., С-Петербург. 1992 с.10-11.

4. Адамян Л.В., Курило Л.Ф., Глыбина Т.М., Окулов А.Б., Макиян З.Н. «Аномалии развития женских половых органов: новый взгляд на эмбрио-морфогенез» // «Проблемы репродукции», 2009, №4, с.10-19.

5. Адамян Л.В., Курило Л.Ф., Окулов А.Б., Степанян А.А., Богданова Е.А., Глыбина Т.М., Макиян З.Н. Аномалии женских половых органов: вопросы идентификации и классификации (обзор литературы).// «Проблемы репродукции», №2, 2010, с. 21-29.

6. Адамян Л.В., Курило Л.Ф., Окулов А.Б., Степанян А.А., Богданова Е.А., Глыбина Т.М., Макиян З.Н. Систематизация нозологических форм аномалий женских половых органов.// «Проблемы репродукции», №3, 2010, с. 10-14.

7. Адамян Л.В., Курило Л.Ф., Макиян З.Н., Поддубный И.В., Глыбина Т.М., Файзуллин А.К. «Тактика оперативного лечения больных с нарушениями формирования пола (disorders of sex development)».// Андрология и генитальная хирургия, №3, с. 67-71.

8. Адамян Л.В., Курило Л.Ф., Макиян З.Н., Глыбина Т.М. «Морфологические варианты дисгенезии гонад у больных с различными нарушениями формирования

пола».// «Андрология и генитальная хирургия», 2010, №4, с.63-70.

9.   Адамян Л.В., Коган Е.А., Макиян З.Н., Киселева И.А. «Гонадобластома у пациентки с 46,ХY дисгенезией гонад»// "Акушерство и гинекология", Москва, №2, 2011, с 37.

10. Гарден Анна «Детская и подростковая гинекология»// под редакцией Глыбиной Т.М., Москва, «Медицина» 2001.

11. Гуркин Ю.А. Детская и подростковая гинекология, 2007.

12. Давыдов С.Н., Орлов В.М. Пороки развития матки и их хирургическая коррекция в целях восстановления детородной функции.// Реконструктивная хирургия и реабилитация репродуктивной функции у гинекологических больных: по материалам программы научных исследований "профилактика и лечение гинекологических заболеваний" - М. 1992 с.47

13. Дедов И.И., Семичева Т.В., Петеркова В.А. Половое развитие детей: норма и патология. – М.: «Колор Ит Студио», 2002, 227с.

14. Демидов В.Н. "Ультразвуковая диагностика в гинекологии" – М 1996, Москва.

15. Демидова Е.М. Клиника и диагностика пороков развития внутренних половых органов в периоде полового созревания: Дисс. Канд. мед. наук. М. 1974 с.161.

16. Адамян Л.В., Макиян З.Н. «Аномалии мочеполовой системы-этапы эмбриогенеза». Материалы международного конгресса «Эндоскопия и альтернативные подходы в хирургическом лечении женских болезней», Москва, 2001, с 329-341.

17. Железнов Б.И., Аветисова К.Р. Эндометриоз у девушек с пороками развития гениталий.// Акуш. и гинекол. 1987, №3, с.29-30.

18. Карлсон Б. Основы эмбриологии по Пэттену. В двух томах. М.: «Мир», 1983, с. 367 - 389.

19. Касаткина Э.П. Учебное пособие по дифференциальной диагностике и терапии гермафродитизма 1979; с - 157.

20. Кнорре А.Г. Эмбриональный гистогенез. (морфологические очерки)./ Кнорре А.Г. – Л.: Медицина, 1971. С - 429 .

21. Кобозева Н.В., Гуркин Ю.А. Реконструктивные операции при аномалиях у девочек.// Современные методы оперативного лечения в акушерстве и гинекологии. М. 1983.

22. Козбагаров А.А. Оценка некоторых методов кольпопоэза.// Акуш. и гинек. 1988, с.58-59.

23. Кондриков Н.И. Биопсия эндометрия в гинекологической практике.// Акуш. и гин. 1989 №4 с.68-74.

24. Красильников В.В. (ред.) Аномалии развития. Иллюстрированное пособие для врачей. С-Пб.: Фолиант, 2007, с.310.

25. Кулаков В.И., Адамян Л.В., Белоглазова С.Е. Диагностическая и хирургическая гистероскопия.// Учебно-методическое пособие. М. НЦ АГиП РАМН 1993 с.37.

26. Кулаков В.И., Селезнева Н.Д., Краснопольский В.И. Оперативная гинекология. М. 1990 с.464.

27. Курило Л.Ф. Ворсанова С.Г., Шаронин В.О., Аномалии половых хромосом при нарушении репродуктивной функции у мужчин. Проблемы репрод. 1998; 4: 2: 12-21.

28. Курило Л.Ф. Курило Л.Ф. Доля генетической патологии у пациентов с нарушением развития половой системы. Сб-к: Лекции для врачей. Сексопатология и андрология, вып. 4. Киев 1998; 18-27.

29. Курило Л.Ф., Макиян З.Н. Морфогенез половых желез и аномалии их развития (обзор литературы).// «Андрология и генитальная хирургия», 2010, №4, с. 54-61.

30. Лазюк Г.И. «Тератология человека». М: Медицина 1991; с. 315.

31. Макиян З.Н., Уварова Е.В., Григоренко Ю.П. Вариант феминизирующей пластики у больных с вирилизацией наружных половых органов.// «Репродуктивное здоровье детей и подростков», 2010, №4, с. 41-45.

32. Макиян З.Н. Аномалии женских половых органов: систематизация и тактика оперативного лечения. Докт. дисс., Москва 2011.

33. Маркарова О.С. Клиника, дифференциальная диагностика и лечение врожденных пороков полового развития при женском фенотипе: Автореф. дис. Докт. мед. наук. Киев, 1979, с.45.

34. Мартыш Н.С. Клинико-эхографические аспекты нарушений полового развития и аномалий развития матки и влагалища у девочек: Автореф. докт. мед. наук. М., 1996 с.38.

35. Маркин Л.Б., Яковлева Э.Б. Детская гинекология. 2007.

36. Международная классификация болезней X пересмотра 2000.

37. Мурватов К.Д. Медико-генетические особенности и хирургическое лечение больных с пороками развития матки и влагалища.// Диссер. канд. мед. наук. 1993

38. Негмаджанов Б.Б. Пластика влагалища из сегментов толстой кишки и феминизирующая реконструкция наружных гениталий. Автореф. канд. мед. наук. М., 1994, с.45.

39. Окулов А.Б. Хирургия органов репродуктивной системы.// Советская педиатрия: Ежегодные публикации об исследовании советских авторов АМН СССР. М. Медицина. 1987 Вып.5, с.240-301.

40. Окулов А.Б., Богданова Е.А., Негмаджанов Б.Б. Ректосигмоидальная вагинопластика с реконструкцией шейки матки при аплазии влагалища и гематометре.// Реконструктивная хирургия и реабилитация

репродуктивной функции у гинекологических больных. М., 1992, с.54-57.

41. Окулов А.Б., Негмаджанов Б.Б. Хирургические болезни репродуктивной системы и секстрансформационные операции. – М.: Медицина, 2000.

42. Отт Д.О. Операция образования искусственного влагалища при врожденном его отсутствии, а также при приобретенном заращении его после гангренозного кольпита.// Гинекол. и акуш. 1929, №2, с.146-149.

43. Персианинов Л.С. Оперативная гинекология. М. Медицина. 1976 с.420.

44. Поддубный И. В., Файзуллин А. К., Сазонов А. Н., Дронов А. Ф., Аль-Машат Н. А., Толстов К. Н., Козлов М. Ю., Федорова Е. В.// Лапароскопические операции при простых кистах почек у детей. М., 2007.

45. Подзолкова Н.М., Глазкова О.Л. Синдром, симптом, диагноз. Дифференциальная диагностика в гинекологии. Геотар- Москва, 2005.

46. Савельева Г.М., Бреусенко В.Г. Операции в полости матки при гистероскопии.// Эндоскопия в гинекологии. М. 1983 с.148-149.

47. Саруханов А.Г. Отдаленные результаты кольпопоэза у подростков. Автореф. дисс. Канд мед. наук. Москва, 1994, с.26.

48. Светлов П.Г. Патогенез наследственных и ненаследственных эмбриопатий.// Архив патологии. 1965 Т.27, №8 с.3-9.

49. Светлов П.Г. Теория критических периодов развития и ее значение для понимания принципов действия среды на онтогенез / Светлов П.Г.// Вопросы цитологии и общей физиологии. – М.: Изд-во АН СССР, 1960, с. 263-285.

50. Селезнева Н.Д. Современные принципы реконструктивно-восстановительной хирургии в гинекологии. М., 1984 с.4-5.

51. Сидельникова В.М. "Невынашивание беременности". М. Медицина-1986.

52. Подзолкова Н.М., Глазкова О.Л. Исследование гормонального статуса у женщины.// Медпресс, Москва, 2004.

53. Торчинов А. М., Умаханова М. М., Исаев А. К., Муртазаев А. М. Современные методы диагностики опухолей и опухолевидных образований яичников. //Сб. научных трудов к 60-летию ГКБ №13 "Актуальные вопросы практической медицины". М.:РГМУ.-2000.-С.253-263.

54. Трепаков Е.А., Демидова Е.М. Медико-генетическая консультация девушек с аномалиями развития внутренних половых органов.// Акуш. и гинекол. 1975, №10, с.26-28.

55. Уварова Е.В. Стандартные принципы обследования и лечения детей и подростков с гинекологическими заболеваниями и нарушениями полового развития: настольная книга детского гинеколога. Триада-Х, 2008.

56. Уварова Е.В., Тарусин Д.И. Стандартные принципы обследования и лечения детей и подростков с гинекологическими заболеваниями и нарушениями полового развития: настольная книга детского гинеколога, 2009.

57. Фалин Л.И. Эмбриология человека. Атлас. М: Медицина 1976; 315.

58. Федорова Н.Н. Развитие матки во внутриутробном периоде.// Акуш.-гинек. 1966 №3 с.66-69.

59. Хашукоева А.З.: «Современные подходы к диагностике, хирургическому лечению и реабилитации больных с аномалиями развития матки и влагалища». Докт. дисс. М-1998.

60. Черных В.Б., Курило Л.Ф. Генетический контроль гормональной регуляции дифференцировки пола и развития половой системы у человека (обзор литературы). Генетика, 2001, т. 37, №11, 1474-1485.

61. Черных В.Б., Курило Л.Ф. Генетический контроль дифференцировки пола у человека (обзор литературы). Генетика, 2001, т. 37, №10, 1317-1329

62. Черных В.Б., Курило Л.Ф. Синдром персистенции мюллеровых протоков: современное состояние проблемы. Мед. Генетика, 2003, т. 2, №3, с. 98-105.

63. Шерстнев Б.Ф. Бескровный метод кольпопоэза. // Акуш. и гинек. 1967 №11 с.42-45.

64. Файзулин А.К., Глыбина Т.М., Колисниченко М.М. Интроитопластика с разделением половых и мочевых путей у девочек с врождённой дисфункцией коры надпочечников. // Сборник материалов 9-го всероссийского научного форума «Мать и дитя». – 2007. Москва, 2-5 окт. – С. 547.

65. Файзулин А.К., Глыбина Т.М., Колисниченко М.М. Первый этап феминизирующей пластики наружных гениталий у девочек с врождённой дисфункцией коры надпочечников. // Сборник материалов III Международной конференции «Врачи мира – пациентам». – 2007. Санкт-Петербург, 21-23 сент. – С. 98.

66. Acién P. Embryological observations on the female genital tract. Hum Reprod 1992;7: 437–445.

67. Acién P. Unicornuate uterus with two cavitated, non-communicating rudimentary horns? Letter to the editor. Hum Reprod 2001;16:393–395.

68. Acién P. Obstructive müllerian anomalies. Letter to the editor. Am J Obstet Gynec 2002;186: 854.

69. Acién P., Armiñana E., García-Ontiveros E. Unilateral renal agenesis associated with ipsilateral blind vagina. Arch Gynec 1987;240:1–8.

70. Acién P., García-López F., Ferrando J., Chehab H.E. Single ectopic ureter opening into blind vagina, with renal dysplasia and associated utero-vaginal duplication. Int J Gynec Obstet 1990;31:179–185.

71. Acién P., Ruiz J.A., Hernández J.F., Susarte F., Martín del Moral A. Renal agenesis in association with malformation of the female genital tract. Am J Obstet Gynec 1991;165:1368–1370.

72. Acién P., Susarte F., Romero J., Galán J., Mayol M.J., Quereda F.J., Sánchez-Ferrer M. Complex genital malformation: ectopic ureter ending in a supposed mesonephric duct in a woman with renal agenesis and ipsilateral blind hemivagina. Eur J Obstet Gynecol Reprod Biol. 2004; In press.

73. Acien P., Acien M., Sanchez-Ferrer M. Complex malformations of the female genital tract. New types and revision of classification. Human Reprod 2004; 19:10.

74. Ahmed SF, Cheng A, Dovey L, et al. Phenotypic features, androgen receptor binding, and mutational analysis in 278 clinical cases reported as androgen insensitivity syndrome. J Clin Endocrinol Metab. 2000;85 :658 –665

75. Ahmed SF, Rodie M, Jiang J, et al. The European DSD Registry – a virtual research environment. Sexual development. Sex Development. 2010;4:192–198.

76. Ahmed FS, Achermann JC, Arlt W, et al. UK Guidance On The Initial Evaluation Of An Infant Or An Adolescent With A Suspected Disorder Of Sex Development. Clin Endocrinol (Oxf). 2011 Apr 16. 1365-2265.2011.

77. Baskin LS. Anatomical studies of the female genitalia: surgical reconstructive implications. J Pediatr Endocrinol Metab. 2004;17 :581 –587

78. Basson R, Leiblum S, Brotto L, et al. Definitions of women's sexual dysfunction reconsidered: advocating expansion and revision. J Psychosom Obstet Gynaecol. 2003;24 :221 –229

79. Ben-Rafael Z. et al. Uterine anomalies. A retrospective, matched control study.// J. Reprod. Med. 1991 Oct; 36(10): 723-7.

80. Bettocchi C, Ralph DJ, Pryor JP. Pedicled phalloplasty in females with gender dysphoria. BJU Int. 2005;95 :120 –124

146

81. Brown J, Warne G. Practical management of the intersex infant. J Pediatr Endocrinol Metab. 2005;18 :3 –23

82. Buttram V.C., Gibbons W. Mullerian anomalies: a proposed classification. (an analisis of 144 cases).// Fertil. Steril. 1983, P.32-40.

83. Capel B., Albrecht K., Washburn L.L., Eicher E.M. Migration of mesonephric cells into the mammalian gonad depends on Sry. Mechanisms Develop 1999;84:1-2:127-131.

84. Carrington B.M. et al. Mullerian duct anomalies: MR imaging evaluation.// Radiology 1990 Sep; 176(3): 715-20.

85. Chan CL, Leeton JF. A case report of bilateral absence of fallopian tubes and ovaries. Asia Oceania J Obstet Gynaecol. 1987;13:269–71.

86. Chavhan GB, Parra DA, Oudjhane K, et al. Imaging of ambiguous genitalia: classification and diagnostic approach. Radiographics. 2008; 28:1891–1904.

87. Clayton PE, Miller WL, Oberfield SE, et al. Consensus statement on 21-hydroxylase deficiency from the European Society for Paediatric Endocrinology and the Lawson Wilkins Pediatric Endocrine Society. Horm Res. 2002;58 :188 –195

88. Cohen-Bendahan CCC, van de Beek C, Berenbaum SA. Prenatal sex hormone effects on child and adult sex-typed behavior: methods and findings. Neurosci Biobehav Rev. 2005;29 :353 –384

89. Cohen-Kettenis PT. Gender change in 46,XY persons with 5-alpha-reductase-2 deficiency and 17-beta-hydroxysteroid dehydrogenase-3 deficiency. Arch Sex Behav. 2005;34 :399 –410

90. Conn J, Gillam L, Conway G. Revealing the diagnosis of androgen insensitivity syndrome in adulthood. BMJ. 2005;331 :628 –630

91. Consortium on the Management of Disorders of Sex Differentiation. Clinical guidelines for the management of

disorders of sex development in childhood. Available at. Accessed May 30, 2006.

92. Жахур Н.А., Марченко Л.А., Курило Л.Ф., Карселадзе А.И., Бутарева Л.Б., Строганова А.М. Мозаицизм половых хромосом в гонадах у больных с преждевременной недостаточностью яичников.// Акуш. и гинек., №6, 2011, с.70-75

93. Creighton S, Alderson J, Brown S, Minto CL. Medical photography: ethics, consent and the intersex patient. BJU Int. 2002;89 :67 –71

94. Creighton SM. Long-term outcome of feminization surgery: the London experience. BJU Int. 2004;93(suppl 3) :44 –46

95. Crouch NS, Minto CL, Laio LM, Woodhouse CR, Creighton SM. Genital sensation after feminizing genitoplasty for congenital adrenal hyperplasia: a pilot study. BJU Int. 2004;93 :135 –138

96. Crowther M.E. Unicornuate uterus.// Int. J. Gynecol. Obstet. 1991 Mar; 34(3): 281-4.

97. Chang A.S., Siegel C.L., Moley K.H., Ratts V.S., Odem R.R. Septate uterus with cervical duplication and longitudinal vaginal seprum: a report of five new cases. Fertil Steril 2004;81:4:1133-1136.

98. Cunha G.R. The dual origin of vaginal epithelium. Am J Anat. 1975;143:3: 387-392.

99. De Vries GJ, Rissman EF, Simerly RB, et al. A model system for study of sex chromosome effects on sexually dimorphic neural and behavioral traits. J Neurosci. 2002;22 :9005 –9014

100. Dessens AB, Slijper FM, Drop SL. Gender dysphoria and gender change in chromosomal females with congenital adrenal hyperplasia. Arch Sex Behav. 2005;32 :389 –397

101. Denes FT, Cocuzza MA, Schneider-Monteiro ED, et al. The laparoscopic management of intersex patients: the preferred approach. British Journal of Urology International. 2005; 95:863–867.

148

102. Dreger AD, Chase C, Sousa A, Grupposo PA, Frader J. Changing the nomenclature/taxonomy for intersex: a scientific and clinical rationale. J Pediatr Endocrinol Metab. 2005;18 :729 –733

103. Dunn R., Hantes J. Double cervix and vagina with a normal uterus and blind cervical pouch: a rare mullerian anomaly. Fertil Steril 2004;82:2:458-459.

104. Engmann L., Schmidt N.J., Benadiva C. An anusual variation of a unicornuate uterus with normal eternal uterine morphology. Fertil Steril 2004:82:4:950-953.

105. Fatum M., Rojansky N., Shushan A. Septate uterus with cervical duplication: rethinking the development of mullerian anomalies. Gynecol Obstet Invest 2003;55:3:186-188.

106. Farkas A, Chertin B, Hadas-Halpren I. 1-Stage feminizing genitoplasty: 8 years of experience with 49 cases. J Urol. 2001;165 :2341 –2346

107. Feldman KW, Smith DW. Fetal phallic growth and penile standards for newborn male infants. J Pediatr. 1975;86 :395 –398

108. Frader J, Alderson P, Asch A, et al. Health care professionals and intersex conditions. Arch Pediatr Adolesc Med. 2004;158 :426 –429

109. Fujieda K, Matsuura N. Growth and maturation in the male genitalia from birth to adolescence. II Change of penile length. Acta Paediatr Jpn. 1987;29:220-223

110. Gell J.S. Mullerian anomalies. Semin Reprod Med 2003;21:4:375-388.

111. Giraldo J.L., Habana A., Duleba A.J., Dokras A. Septate uterus associated with cervical duplication and vaginal septum. J Am Assoc Gynecol Laparosc 2000;7:2:277-279.

112. Grumbach MM, Hughes IA, Conte FA. Disorders of sex differentiation. In: Larsen PR, Kronenberg HM, Melmed S, Polonsky KS, eds. Williams Textbook of Endocrinology. 10th ed. Heidelberg, Germany: Saunders; 2003:842 –1002

113. Gubbay, J, et al. A gene mapping to the sex-determining region of the mouse Y chromosome is a member of a novel family of embryonically expressed genes. Nature 346:245, 1990.

114. Hannema SE, Scott IS, Rajperts-De Meyts E, Skakkebaek NE, Coleman N, Hughes IA. Testicular development in the complete androgen insensitivity syndrome. J Pathol. 2006;208 :518 –527

115. Hines M, Ahmed F, Hughes IA. Psychological outcomes and gender-related development in complete androgen insensitivity syndrome. Arch Sex Behav. 2003;32 :93 –101

116. Hurt WG, Bodurtha JN, McCall JB, Ali MM. Seminoma in pubertal patient with androgen insensitivity syndrome. Am J Obstet Gynecol. 1989;161:530-531

117. Jost A. A new look at the mechanisms controlling sex differentiation in mammals, John Hopkins Med. J., 130, p 38-53, 1972.

118. Jost A. Recherches sur la différenciation sexuelle de l'embryon de lapin. III. Rôle des gonades foetales dans la différenciation sexuelle somatique. Arch Anat Microsc Morphol Exp 1947;271–315.

119. Koopman P, et al. Male development of chromosomally female mice transgenic for Sry. Nature 351:117, 1991.

120. Kuhnle U, Bullinger M. Outcome of congenital adrenal hyperplasia. Pediatr Surg Int. 1997;12 :511 –515

121. Kurita T., Cunha G.R. Roles of p63 in differentiation of mullerian duct epithelial cells. Ann NY Acad Sci 2001;948:9-12.

122. Lee PA, Witchel SF. Genital surgery among females with congenital adrenal hyperplasias: changes over the past five decades. J Pediatr Endocrinol Metab. 2002;15 :1473 –1477

123. Lee PA. A perspective on the approach to the intersex child born with genital ambiguity. J Pediatr Endocrinol Metab. 2004;17 :133 –140

124. Levitt, MA.; Peña, A. Management in the Newborn Period. In: Holschneider AM, Hutson J, editor. Anorectal

Malformations in Children. Heidelberg: Springer; 2006. pp. 289–294.

125. Luders E, Narr K, Thompson PM, et al. Gender differences in cortical complexity. Nat Neurosci. 2004;7 :799 –800

126. M.L. Martínez-Frías, E. Bermejo, E. Rodríguez-Pinilla, J.L. Frías Exstrophy of the cloaca and extrophy of the bladder: Two different expressions of a primary developmental field defect. 2007. Pubmed online.

127. Martin CL, Ruble DN, Szkrybalo J. Cognitive theories of early gender development. Psychol Bull. 2002;128 :903 – 933

128. Martínez-Frías ML, Frías JL, Opitz JM. Errors of morphogenesis and developmental field theory. Am J Med Genet. 1998, 76: 291-296.

129. Martínez-Frías ML, Rodríguez-Pinilla E, Bermejo E, Prieto L.. Prenatal exposure to sex hormones: a case-control study. Teratology. 1998, 57:8-12.

130. Mendonca BB, Inacio M, Costa EMF, et al. Male pseudohermaphroditism due to 5 alpha-reductase 2 deficiency: outcome of a Brazilian Cohort. Endocrinologist. 2003;13 :202 –204

131. Merchant-Larios H., Moreno-Mendoza N., Buehr M. The role of the mesonephros in cell differentiation and morphogenesis of the mouse fetal testis. Int J Dev Biol. 1993;37(3):407-415.

132. Meyer-Bahlburg HF, Migeon CJ, Berkovitz GD, et al. Attitudes of adult 46,XY intersex persons to clinical management policies. J Urol. 2004;171 :1615 –1619

133. Meyer-Bahlburg HF. Gender and sexuality in congenital adrenal hyperplasia. Endocrinol Metab Clin North Am. 2001;30 :155 –171, viii

134. Meyer-Bahlburg HF. Gender identity outcome in female-raised 46,XY persons with penile agenesis, cloacal exstrophy of the bladder, or penile ablation. Arch Sex Behav. 2005;34 :423 –438

135. Michalas S.P. Outcome of pregnancy in women with uterine malformation: evaluation of 62 cases.// Int. J. Gynaecol. Obstet. 1991 Jul, 35(3), p. 215-219.
136. Migeon CJ, Wisniewski AB, Gearhart JP, et al. Ambiguous genitalia with perineoscrotal hypospadias in 46,XY individuals: long-term medical, surgical, and psychosexual outcome. Pediatrics. 2002;110(3) .
137. Money J. Sex Errors of the Body and Related Syndromes: A Guide to Counseling Children, Adolescents, and Their Families. 2nd ed. Baltimore, MD: Paul H. Brookes Publishing Co; 1994
138. Morel Y, Rey R, Teinturier C, et al. Aetiological diagnosis of male sex ambiguity: a collaborative study. Eur J Pediatr. 2002;161 :49 –59
139. Muller I.P. Anatomie des Menschen, 1931, Berlin, p. 272-275.
140. Mu"ller P.P., Musset R., Netter A. et al.. Etat du haut appereil urinaire chez les porteuses de malformations uterines, Etude de 133 Presse Med 1967;75:1331–1336.
141. Nezhat C.R., Smith K.S. Unicornuate uterus with two non-communicating rudimentary horns: case report. Am J Obstet Gynecol 1999;130:6.
142. Nihoul-Fékété C. The Isabel Forshall Lecture: surgical management of the intersex patients - an overview in 2003. J Pediatr Surg. 2004;39 :144 –145
143. Nistal M., García-Fernández E., Mariño-Enríquez A., Serrano A., Regadera J., González-Peramato P.. Usefulness of gonadal biopsy in the diagnosis of sexual developmental disorders. Actas Urol Esp 2007;31:9:1056-1075.
144. Nordenström A, Servin A, Bohlin G, Larsson A, Wedell A. Sex-typed toy play behavior correlates with the degree of prenatal androgen exposure assessed by CYP21 genotype in girls with congenital adrenal hyperplasia. J Clin Endocrinol Metab. 2002;87 :5119 –5124

145. Oberfield SE, Mondok, A, Shahrivar F, Klein JF, Levine LS. Clitoral size in full-term infants. Am J Perinatol. 1989;6 :453 –454

146. Ogilvy-Stuart AL, Brain CE. Early assessment of ambiguous genitalia. Arch Dis Child. 2004;89 :401 –407

147. Pena, A.; Levitt, M. Anorectal malformations. In: Stringer M, Oldham K, Mouriquand. Pediatric Surgery and Urology: Long term outcomes Cambridge University Press; 2007. pp. 401–415

148. Peter A. Lee, MD, PhDa,b, Christopher P. Houk, MDc, S. Faisal Ahmed. Consensus Statement on Management of Intersex Disorders.// PEDIATRICS Vol. 118 No. 2 August 2006, pp. e488-e500

149. Pasterski V, Prentice P, Hughes IA. Consequences of the Chicago consensus on disorders of sex development (DSD): current practices in Europe. Arch Dis Child. 2010 Aug;95(8):618-23. Epub 2009 Sep 22.

150. Von Prader A. (Der genitalbefund beim pseudohermaproditus feminus des kongenitalen adrenogenitalen syndromes. *Helv Pediatr Acta* 1954; **9**: 231–48)

151. Ramani P, Yeung CK, Habeebu SS. Testicular intratubular germ cell neoplasia in children and adults with intersex. Am J Surg Pathol. 1993;17 :1124 –1133

152. Rink RC, Adams MC. Feminizing genitoplasty: state of the art. World J Urol. 1998;16 :212 –218

153. Rogol AD. New facets of androgen replacement therapy during childhood and adolescence. Expert Opin Pharmacother. 2005;6 :1319 –1336

154. Rorth M, Rajpert-De Meyts E, Andersson L, et al. Carcinoma in situ in the testis. Scand J Urol Nephrol Suppl. 2000;205 :166 –186

155. Satoh M. Histogenesis and organogenesis of the gonad in human embryos. J Anat. 1991;177:85-107.

156. Shapiro E., Huang H., McFadden D.E., Mash R.J., Eliza N.G., Lepor H. The prostatic utricle is not a Mullerian duct

153

remnant: immunohistochemical evidence for a distinct urogenital sinus origin. J Urology 2004; 172:4: Part 2:Suppl.:1753-1756.

157. Sadler T.W. "Langman`s Medical Embryology". Williams&Wilkins USA, 2000; 215.

158. Sanchez-Ferrer M., Acien P., Sanchez Del Campo, Mayol-Belda M.J., Acien M. Experimental contributions to the study of the embryology of the vagina. Human Reprod Embryol 2006;21:6.

159. Saunders J.W., Gasseling M.T., Saunders L.C. Cellular death in morphogenesis of the avian wing. Dev. Biol., 5, p 147-178, 1962.

160. Schober JM. Long-term outcomes of feminizing genitoplasty for intersex. In: Pediatric Surgery and Urology: Long-term Outcomes. London, United Kingdom: WB Saunders; In press

161. Schonfield WA, Beebe GW. Normal growth and variation in the male genitalia from birth to maturity. J Urol. 1942;48 :759 –777

162. Sirisena LA. Unexplained absence of an ovary and uterine tube. Postgrad Med J. 1978;54:423–4. Sivanesaratnam V. Unexplained unilateral absence of ovary and fallopian tube. Eur J Obstet Gynecol Reprod Biol. 1986;22:103–5

163. Skuse DH, James RS, Bishop DVM, et al. Evidence from Turner's syndrome of an imprinted X-linked locus affecting cognitive function. Nature. 1997;387 :705 –708

164. Small CL, Shima JE, Uzumcu M, Skinner MK, Griswold MD. Profiling gene expression during the differentiation and development of the murine embryonic gonad. Biol Reprod. 2005;72 :492 –501

165. Spencer TE, Hayashi K, Hu J, Carpenter KD.// Comparative developmental biology of the mammalian uterus. Curr Top Dev Biol. 2005; 68:8-122.

166. Speroff L., Glass R.H., Kase N.G. "Clinical Gynecologic Endocrinology & Infertility" W&W. 1994 Ch .4 p.109-114.

167. Styne DM. The testes: Disorders of sexual differentiation and puberty. SA Kaplan (ed), Clinical Pediatric Endocrinology. Philadelphia: Saunders, 1990. p. 367.

168. Warne GL, Grover S, Zajac JD. Hormonal therapies for individuals with intersex conditions: protocol for use. Treat Endocrinol. 2005;4:19 –29

169. White PC, et al. Congenital adrenal hyperplasia. N Engl J Med 316:1519, 1580, 1987.

170. Wisniewski AB, Migeon CJ, Meyer-Bahlburg HF, et al. Complete androgen insensitivity syndrome: long-term medical, surgical, and psychosexual outcome. J Clin Endocrinol Metab. 2000;85:2664 –2669

171. Witschi E. Migration of the germ cells of human embryos from the yolk sac to the primitive gonadal fold. Carnegie Inst Wash Contrib Embryol. 1948;209:67-80.

172. Wolf U. The serologically detected H-Y antigen revisited. Cytogenet Cell Genet 80:232, 1998.

173. Woods M.S., Shepard R.G., Hardman D.A., Woods H.J. Congenital genitourinary anomalies. Is the a predilection for multiple primary malignant neoplasms? Cancer. 1992 Jan. 15; 69(2): 546-9.

174. Yin Y., Ma L. Development of the mammalian female reproductive tract. J Biochem (Tokyo). 2005; 137:6: 677-683.

175. Zachmann M, Prader A, Kind HP, Häfliger H, Budlinger H. Testicular volume during adolescence: cross-sectional and longitudinal studies. Helv Paediatr Acta. 1974;29 :61 –72

176. Zucker KJ. Intersexuality and gender identity differentiation. Annu Rev Sex Res. 1999;10 :1 –69.

177. Vidal I, Gorduza DB, Haraux E, et al. Surgical options in disorders of sex development with ambiguous genitalia. Best Practice and Research. Clinical Endocrinology and Metabolism. 2010; 24:311–324.

178. «Эмбриональное развитие матки и влагалища», Lambert Acdemic Publising, 2012, ISBN - 978-3-659-25329-4.

155

Список сокращений

DSD – disorders of sex development (русск. - НФП)

НФП - нарушение формирования пола

ВГКН – врожденная гиперплазия коры надпочечников (синоним ВДКН – врожденная дисфункция коры надпочечников)

СТФ – синдром тестикулярной феминизации

ВПО – внутренние половые органы

НПО – наружные половые органы

УЗИ – ультразвуковое исследование

МРТ – магнитно-резонансная томография

ГСГ - гистеросальпингография

ДВ – диагностическое выскабливание (эндометрия)

ЛГ – лютеинизирующий гормон

ФСГ – фолликулостимулирующий гормон

Прл - пролактин

Т - тестостерон

ДГА - дегидроэпиандростерон

Э2 - эстрадиол

МГМСУ – Московский Государственный медико-стоматологический Универститет

НЦ АГиП – Научный Центр акушерства, гинекологии и перинатологии им. В.И. Кулакова Минздравсоцразвития.

Фр. – французский язык

Зограб Макиян

Аномалии развития пола: методы оперативного лечения в гинекологии

Дисгенезии гонад, интерсексуальные состояния у пациентов, отнесенных к женскому полу

Зограб Макиян

LAMBERT
Academic Publishing

Автор Зограб Макиян

Аномалии развития пола (син.: нарушения формирования пола, интерсексуальные состояния, disorders of sex development) - это врожденное состояние, при котором развитие хромосомного, гонадного или анатомического пола атипично. В монографии изложены современные методы хирургического лечения и варианты феминизирующей пластики у пациентов с бисексуальным строением наружных гениталий, отнесенных к женскому полу. Описана тактика оперативного лечения пациентов при: синдроме Шерешевского-Тернера; синдроме тестикулярной феминизации; 46,XY-дисгенезии гонад; врожденной гиперплазии коры надпочечников. Обсуждены спорные вопросы в отношении персистенции мюллеровых протоков при XY-нарушении формирования пола. Представлена новая клинико-анатомическая систематизация, позволяющая провести дифференциальную диагностику и облегчающая выбор тактики хирургической коррекции пациентов с интерсексуальными состояниями в гинекологии. Проведен анализ клинических вариантов аномалий развития половой системы и теоретических данных эмбриологии, на основе которых предложена новая гипотеза эмбрионального морфогенеза.

ISBN-13: **978-3-8473-2664-9**

https://www.lap-publishing.com/catalog/details/store/gb/book/978-3-8473-2664-9

LAP Lambert Academic Publishing (2012-01-24)

Зограб Макиян

Эмбриональное развитие матки и влагалища

Новый взгляд на эмбриогенез

LAP LAMBERT Academic Publishing

Автор Зограб Макиян

Анализированы фундаментальные исследования эмбриологии, в сравнении с клиническими наблюдениями аномалий женских половых органов у 489 пациенток. Проведено гистологическое и иммуногистохимическое исследование маточных рудиментов; определение маркеров пролиферации, апоптоза, эстрогеновых и прогестероновых рецепторов в миоцитах - при аплазии матки и влагалища. Предложена авторская гипотеза эмбрионального морфогенеза матки и влагалища.

ISBN - **978-3-659-25329-4**

https://www.lap-publishing.com/catalog/details//store/ru/book/978-3-659-25329-4

LAP Lambert Academic Publishing (2012-10-28)

Анатомия женской сексуальности

Зограб Макиян

Анатомия женской сексуальности

Эта книга о женской сексуальности, особенностях эрогенной чувствительности, нормальной физиологии и нарушениях. Рассмотрены современные принципы лечения сексуальных дисфункций, аноргазмии и методы секс-терапии. Обсуждены актуальные вопросы психоанализа.

ISBN-9781300118084

Autor Spotlight URL: http://www.lulu.com/spotlight/Zohrab

Опубликована 02.09.2012

www.ingramcontent.com/pod-product-compliance
Lightning Source LLC
Chambersburg PA
CBHW061509180526
45171CB00001B/95